深度记忆

How Memory Works

[美]罗伯特·麦迪根 著

曾雅雯 译

How Memory Works and How to Make It Work for You
Copyright © 2015 The Guilford Press
A Division of Guilford Publications, Inc.
Published by arrangement with The Guilford Press
The simplified Chinese translation rights arranged through Rightol Media(本书中文简体版权经由锐拓传媒取得)

版贸核渝字(2023)第183号

图书在版编目(CIP)数据

深度记忆 /(美)罗伯特·麦迪根著；曾雅雯译. 重庆：重庆出版社，2024.12. -- ISBN 978-7-229-19277-8

Ⅰ. B842.3-49
中国国家版本馆CIP数据核字第20257T5E95号

深度记忆
SHENDU JIYI
[美]罗伯特·麦迪根　著　　曾雅雯　译

责任编辑：陈渝生
责任校对：朱彦谚
装帧设计：李南江

重庆出版集团
重庆出版社　出版

重庆市南岸区南滨路162号1幢　邮政编码：400061　http://www.cqph.com
重庆出版社艺术设计有限公司制版
重庆建新印务有限公司印刷
重庆出版集团图书发行有限公司发行
全国新华书店经销

开本：889mm×1240mm　1/32　印张：8　字数：210千
2025年2月第1版　2025年2月第1次印刷
ISBN 978-7-229-19277-8

定价：58.00元

如有印装质量问题，请向本集团图书发行公司调换：023-61520678

版权所有　　侵权必究

致谢

如果没有我妻子乔迪（Jodi）的耐心支持，我是不可能完成这部作品的。她从不抱怨我长时间坐在电脑前，而且她是书中大部分内容的第一个读者，许多插图也都得益于她的妙想。

我的好朋友和前同事迪克·布鲁斯（Dick Bruce）是我的另一位忠实读者，他总是随时准备着审阅新的草稿。我特别感谢乔·安·米勒（Jo Ann Miller），这位编辑帮助我发现了自己真正想写的书，她的建议让每一章都更加完美。基瓦琳娜·格罗夫（Kivalina Grove）修改了几幅画。吉尔福德出版社（Guilford Press）的伙伴总是乐于助人，与他们合作非常愉快，尤其是吉蒂·摩尔（Kitty Moore）、克里斯·本顿（Chris Benton）和卡罗琳·格雷厄姆（Carolyn Graham）。最后，我要感谢我记忆班的学生，他们对各种记忆技巧的反馈，让我改进技巧并发现新的应用。我向他们致以衷心的感谢和美好的祝愿。

引言：记忆艺术的科学性

你是否曾希望自己能更好地记住刚认识的人的名字？或者诸如缴电话费这样的琐事不会那么容易被遗忘？你能想象去超市购物时不用带着清单吗？或者记住所有账户的密码？你是否希望能回忆起去年秋天度假的更多细节？事实证明，如果掌握了"记忆艺术"（memory arts），大多数人都可以在上述这些情况下拥有更好的记忆力。

近年来，科学技术在帮助我们理解记忆如何运作，以及如何使其更好地运作方面，都取得了长足的进步。接下来，你将阅读到令人着迷的新研究，这些研究揭示了人类记忆的方方面面。你还将了解我所说的"记忆艺术"——一种基于科学的记忆策略，它被创造性地应用于各种可能出现遗忘的情景，比如回忆过去的事情或记住某人的名字。

你可能会问，在搜索引擎、智能手机和社交媒体盛行的时代，当如此多的信息都触手可及时，为什么还需要一本关于改善记忆力的书呢？的确，这些革命性的发明造就了十多年前我们无法想象的信息管理能力，然而有趣的是，科技的力量使改善我们的记忆力变得出乎意料地重要和充满价值。当我们将越来越多的具有挑战性的记忆任务交给各种电子设备时，我们可能会感觉到自己的这一重要技能正在逐渐丧失，感觉到我们的智力正在走下坡路。时尚和健康专栏作家丹·鲁克伍德（Dan Rookwood）于2011年在 *GQ* 杂志上的文章里写道：

> 过去我会把所有重要数据都牢牢记在脑子里——银行账户、护照号码、假的出生日期（以防被冒充身份）。那么现在发生了什么变化呢？我变得过度依赖"人工记忆"（artificial memory）：当我醒来时，我做的第一件事就是检查我的电子日记，看看我有什么约会；

当我上车时，我会在GPS上输入目的地——没有它我会迷路；我的写作过度依赖电脑拼写检查功能；心算早已让位给了计算器；当电邮软件帮我记住每个联系人的电邮地址时，我就再也不需要记住以前的邮政地址了。

鲁克伍德并非个例。一项针对3 000名英国人的调查发现，在30岁以下的人当中，有1/3不记得自己的电话号码，他们对家人生日的记忆更差。事实上，如果情况并非如此，那才是令人惊讶的。记住信息和约会时间都需要耗费脑力，当某个设备可以轻松帮我们保存这些信息时，我们为什么还要费心呢？回想一下，洗碗机、洗衣机、电锯和燃气割草机是如何改变我们每天的运动量。曾经有一段时间，我们不必去健身房锻炼身体。但是，一旦节省劳动力的机器开始取代我们，我们步行、举起重物和移动的次数和总量就会减少。

21世纪的技术对脑力劳动而非体力劳动产生了更大的影响。计算机设备和智能软件使我们能够比没有它们时做更多的智力工作，而且速度更快，做起来更加容易。无论你是使用电子表格软件的商务人士，还是搜索海量数据库的学者，无论你是依靠电脑记录病例的医生，还是依赖文字处理软件的作家，我们中的绝大多数人，肯定都不想再回到20世纪的工作方式。

事实上，这些发明已经成为我们脑力工作的伙伴。我们依靠它们来处理细节、安排任务和总结信息。我们与这些硬件或软件如此紧密地合作，以至于当我们必须在没有GPS的情况下开车前往某个地方，或者在没有电脑的情况下写一封信，或者在没有专用软件的情况下计算税款时，我们都会感到不适应。这时，我们就会像鲁克伍德一样，开始怀疑是否有什么东西失去了平衡。

"记忆艺术"提供了一种方法，以夺回一些已经失去或正在失去的"阵地"，改善对特定信息的记忆力——记住事实、数字、名字、经历等。这些策略依靠主动性、创造性和记忆原理的知识，使容易被遗忘的材料更容易被记住，而且不需要外部设备的帮助。运用"记忆艺术"就像通过步行而不是开车，或爬楼梯而不是坐电梯来"使用"我们的身体一样。

有时候记忆策略并不需要太多。如果你刚刚认识了新同事布拉德（Brad），想记住他的名字，你可以想象演员布拉德·皮特（Brad Pitt）站在"新布拉德"旁边，手挽着手。这就发挥了视觉化和联想这两种强大的记忆辅助工具的作用。在这个过程中，当你选择一种助记法（mnemonic），产生图像并建立联想时，你就会激活高级心理过程。由于这种心理过程完全由你自己控制，只使用你自己的心智资源（mental resources），因此它可以抵消对电脑等外部设备的依赖。

"记忆艺术"不只是锻炼心智，也是提高我们保留和利用有价值信息能力的实用的、经过验证的方法。特别是在用来管理信息的智能设备难以发挥作用的情形下有较大帮助，例如记住"布拉德"的名字、记住在回家的路上取干洗好的衣物、记住商务会议的重要内容、记住关键的密码和PIN码等。在处理日常生活需求时，它们所需的脑力劳动和创造力会得到回报。

◆ "记忆艺术"的实用性

通过使用专门的技巧，你能在多大程度上提高记忆力？请看斯科特·哈格伍德（Scott Hagwood）的故事，你就会明白一切皆有可能。1999年，36岁的他被诊断出患有癌症，从此他的生活发生了翻天覆地的变化。手术切除肿瘤后，医生建议他接受放射治疗，但警告说他在治疗和康复过程中会出现认知混乱和记忆障碍。这让哈格伍德很沮丧，因为他认为自己的记忆力充其量只能算一般。他说自己高中毕业时的成绩在班上垫底，SAT（美国高中毕业生学术能力水平考试）分数勉强够上大学。

在放射治疗开始前的日子里，哈格伍德在书店闲逛时买了一本英国记忆力培训师托尼·布赞（Tony Buzan）写的关于提高记忆力的书。他对一种记忆扑克牌顺序的方法产生了兴趣，这种方法与我在第14章"记忆宫殿"（memory palaces）中讨论的方法类似。他尝试了这种方法，并达到了只看一遍扑克牌就能准确地按顺序复述出来的水平。在一次家庭聚会上，他向弟弟展示了自己的新本领——在10分钟内记住了一副扑克牌，并在此过程中赢得了赌注。

对于那些从未见过这种技能的人而言，凭记忆还原52张牌无疑令人叹为观止。哈格伍德的弟弟非常惊讶，他当然想知道更多细节。哈格伍德向弟弟介绍了美国记忆锦标赛，这是一年一度的盛会，参赛者以速度和准确性为评判标准，比拼记忆各种材料（包括一副扑克牌）的能力。听完介绍之后，哈格伍德的弟弟满怀热情，并鼓励哥哥参加2001年的比赛。为了参加比赛，哈格伍德需要练习记忆5种材料并取得优异成绩，这5种材料分别是扑克牌、姓名与面孔、诗歌、随机数字和单词表。他到处找寻有关记忆技巧的知识，并开启了一项严格的训练计划。到正式比赛时，他已经做好了充分的准备。

功夫不负有心人，哈格伍德获得了当年比赛的总冠军。后来在2002年、2003年和2004年，哈格伍德再次获胜，2004年是他参加比赛的最后一年。而且，他在2003年创造了美国纪录，那回他在15分钟内记住了107个随机单词，并按照正确的拼写顺序回忆出来。这一纪录一直保持到2011年，索菲娅·胡（Sophia Hu）在相同的时间内记住了120个单词，打破了哈格伍德的纪录。

2003年，哈格伍德接受了另一项记忆挑战，他达到了伦敦某个组织颁发的国际记忆大师奖的要求。为了获得这一荣誉，他必须在1小时内记住1 000个随机数字，在1小时内记住10副扑克牌，在2分钟内记住1副扑克牌，最终他完成了全部挑战。曾经担心自己记忆力的哈格伍德，在41岁时成为了一名获得认证的记忆奇才。

哈格伍德对卓越记忆力的开发与培养是一种个人追求。现实中很少有人渴望成为记忆力竞赛的选手，这本书也没有关于这方面的训练。相反，哈格伍德的故事说明了记忆艺术在结合了实践和努力练习后，效用是多么强大。在本书接下来的内容中，你将看到如何应用哈格伍德所使用的提高记忆力的各种策略。

◆ 起源与新发现

本书所描述的记忆艺术有许多来源。有些来自研究记忆的当代研究人员，有些来自如斯科特·哈格伍德这样的记忆大师，有些已经使用了几个世纪，有些甚至可以追溯到古希腊和罗马时代。事实上，许多强大的记忆艺术都起源于书面作品匮乏、学生没有教科书的时代，那是一个记忆技能备受推崇的时代。但无论这些记忆艺术的起源如何，今天我们对它们的理解都比以往任何历史时期更加丰富，因为我们可以借鉴现代记忆科学。在过去的50年里，我们关于记忆的观念发生了翻天覆地的变化。以认知心理学和神经科学等学科为心智研究（study of the mind）带来了全新的方法，包括计算机测试、脑扫描和复杂的统计学分析。关于不同种类的记忆、注意力系统的运作方式、短时记忆（short-term memory，也译作"短期记忆"或"短时程记忆"）的工作方式、记忆的回忆方式等研究，都出现了令人惊讶的发现。可以说，我们正处于心智研究的"黄金时代"。而在这项工作中，记忆研究一直处于核心地位。

如果你对提高记忆力感兴趣，那么这些新知识大有裨益。研究表明，某些记忆技巧具有突出的优越性，如视觉图像（visual imagery），研究也阐明了如何更好地利用这些技巧。在常见情况下提高记忆力的新方法已经出现，比方说记住将要执行的任务或长期记住某项事实。科技进步提供了更好的方法来分析遗忘发生的原因，以及哪种记忆策略能最有效地提高记忆力。我在整个写作过程中都借鉴了这些新的发展。

◆ 关于本书

我在阿拉斯加安克雷奇大学（University of Alaska Anchorage）担

任心理学教授，30多年来，我一直在大学和社区中教授有关记忆策略的课程。这本书正是基于我多年的授课经验编写而成的。我发现，当人们了解了记忆系统的基本运作原理后，他们就能够最有效地应用不同的技巧。了解记忆是如何工作的，是让它为你工作的最佳途径。因此，这是本书第一部分的重点。你将了解记忆的不同种类，注意力如何帮助或损害记忆，如何强化容易遗忘的记忆，以及记忆是如何被唤起的。在第二部分中，你将学习如何将学到的技巧应用于具体情境中，包括记住姓名、约会信息、事实、数字、购物清单和技巧等。我的目标是，在没有智能手机、平板电脑或便笺帮助的情况下，帮助你提高记忆不同信息的能力。

在我使用这些方法并教给别人时，我学到的一个经验是，掌握记忆增强技巧的唯一方法是使用它们。如同理解食谱是一回事，但烹饪出美味佳肴是另一回事。这一认识形成本书的一个关键要领：定期提供练习记忆技巧的机会。

这也是它的工作原理。在每一章的末尾，我都会选择一个关键的概念，并解释如何使用记忆技巧或策略来记住它。我把这些部分称为"记忆实验室"，将其作为记忆技巧或策略的应用场所。每章都有不同的技巧，因此每一种常用的记忆辅助方法都有机会在"记忆实验室"中得到运用。当你尝试各种方法时，你会看到不同的记忆策略在现实条件下是如何发挥作用的。作为奖励，你还能获得记忆书中重要信息的记忆辅助工具。将记忆技巧应用于记住有关提高记忆力的信息，似乎再合适不过了。

诚然，你最终能从这本书中获得什么，取决于你投入多少时间和精力去学习和练习这些技巧。和其他技能一样，要想熟练掌握，是没有捷径可走的。但是，根据我作为记忆艺术的教师和实践者的经验，我相信，只要你尽了自己的努力，你就很可能看到自己真正的进步。同时，你也会享受这一过程的乐趣——训练心智并从更卓越的记忆力中获得有价值的回报。

目录

引言：记忆艺术的科学性 – 001

第一部分 基本原理

第 1 章　四种记忆形式 – 003

第 2 章　工作记忆：不只是短时记忆 – 019

第 3 章　注意力：好记性的秘诀 – 034

第 4 章　如何用"龙法则"增强记忆力 – 051

第 5 章　我们是如何回忆的 – 067

第二部分 记忆应用

第 6 章　增强记忆力的路径 – 083

第 7 章　记姓名 – 099

第 8 章　记打算 –115

第 9 章　记事实 – 129

第 10 章　记数字 – 149

第 11 章　记技能 – 164

第 12 章　记经历 – 179

第 13 章　"巴黎"助记法 – 200

第 14 章　记忆宫殿 – 214

第 15 章　思维模式对记忆的影响 – 235

第一部分

基本原理

How Memory Works

第1章
四种记忆形式

我们对记忆的现代理解始于1953年8月25日，当时一位鲁莽的神经外科医生为一名患有癫痫症的男子实施了一次激进的手术。病人来自美国康涅狄格州，时年27岁，他的名字——亨利·莫莱森（Henry Molaison）——直到55年后他去世了才被公开，但他的姓名缩写H.M.被几代记忆研究人员所熟知。他是有史以来最著名的医学病人之一，因为他经历的手术所造成的严重后果，使人们对人类记忆的本质有了革命性的认识。

H.M.的癫痫症源于童年时期的一次自行车事故，后来逐渐恶化，到进行手术前，他每周要经历10次短暂昏厥，偶尔还会出现全面发作。他的家庭医生将他转诊到康涅狄格州哈特福德的一家医院，在那里他接受了著名神经外科医生威廉·斯科维尔（William Scoville）的诊治。

斯科维尔的专长是额叶切除术，这种手术需要切断进出大脑前部的神经纤维。他曾为患有精神分裂症等严重心理疾病的患者实施过300多例此类手术。这是一种充满争议的手术，早已被废弃。虽然这种方法有时能让情绪激动的病人平静下来，但也可能让他们变得像"僵尸"一样，无法正常进行日常活动。当H.M.来到哈特福德的这家医院时，斯科维尔正在尝试一种标准额叶切除术的替代方法。

斯科维尔认为，与传统的额叶切除术相比，对大脑边缘系统进行手术所产生的副作用可能更小。他对一种名为"海马体"的结构特别感兴趣。当时它的功能尚不明确，有人认为它可能与情感或嗅觉有关。然而，仅凭猜测，斯科维尔就将海马体作为治疗H.M.的焦点。治疗癫痫的外科手术会切除或隔离特定的大脑区域，以破坏导致癫痫发作的失控神经信号。延续这种思路，斯科维尔计划切除H. M.的海马体。一位在治疗癫痫方面有丰富经验的同事警告斯科维尔说，手术不太可能有效，而且会给病人带来很大风险。斯科维尔并没有被吓倒。

切除两个海马体中的任何一个——大脑两侧各有一个——都不会造成灾难性的后果，但令人费解的是，斯科维尔选择切除两个海马体以及周围组织，从而确保这些结构所执行的功能都不再起作用。H. M.一进康复室，灾难性的结果很快显现，他立即表现出严重的记忆障碍。还有更坏的消息，第二天他的癫痫又开始发作，只不过频率没有以前那么高了。

值得称赞的是，斯科维尔并没有试图掩盖自己的错误。他联系了以研究癫痫而闻名的神经学家怀尔德·彭菲尔德（Wilder Penfield），并向后者讲述了手术的情况。起初，彭菲尔德非常愤怒，但他意识到这个病例对科学的重要意义。他把这个消息告诉了心理学家布伦达·米尔纳（Brenda Milner）。米尔纳是一位研究失忆症的资深研究员，她立即开始研究H. M.的病例。

她的测试结果非常明确：H. M.无法形成新的记忆。米尔纳后来对记者说："他是一个聪明、善良、有趣的人，但他无法获得任何新知识。今天，他的生活还停留在过去，还停留在一个孩童般的世界里。可以说，他的个人历史随着那次手术而结束了。"1957年出版的《神经病学、神经外科学和精神病学杂志》首次刊登了关于H. M.这一病例的详细情况，对H. M.的残疾作了惊人的描述：

这位患者的记忆缺陷一直持续到现在，没有得到任何改善，就其严重程度可以举出许多例子。10个月前，他家从老房子搬到同一条大街上几个街区之外的新房子。虽然他对老房子的地址记得一清二楚，但他总是记不住新的地址，也不相信自己能独自找到回家的路。此外，他不知道经常使用的物品放在哪里，例如，他的母亲仍然必须告诉他在哪里能找到割草机，尽管他可能前一天才用过。她还表示，他会日复一日地玩同样的拼图游戏，却没有表现出任何练习效果；他会一遍又一遍地阅读同样的杂志，却发现对里面的内容并不熟悉。这位病人甚至当着我们中的一个人（B. M.）的面吃了午饭，但仅仅半小时后，他就说不出自己吃过的任何一种食物的名字；事实上，他根本记不起自己吃过东西。

值得注意的是，米尔纳的详细测试表明，H. M.除了记忆力之外，其他智力功能都没有变化。他的智商为112，与普通大学生的水平差不多。他对手术前发生的事情记忆犹新，他还经常谈起这些往事。他在理解抽象概念、解决推理问题和进行数学计算方面也没有表现出任何困难。

此外，H. M.的短时记忆——在拨打电话时记住电话号码，或较长时间记住一个想法并将其表达出来的能力——没有受到损害。这向研究人员表明，短时记忆系统与海马体控制的系统是分开的。除了极度健忘之外，正常的短时记忆使H. M.能够使用语言并正常交谈。短时记忆还使他能够在一定时间范围内进行思考和观察。他不仅知道自己因手术而导致记忆障碍，而且还知道在环境中寻找线索，以猜测别人对他的期望或下一步需要做什么，这些对他而言是一个持续的挑战。

米尔纳与H. M.的持续合作揭示了H. M.另一个令人惊讶的"缺陷"。20世纪60年代初，她决定研究H. M.能否学会新的手工技能。她给他布置了一个任务，让他在镜中看着自己的手，同时用这只手在一个几何图形上描摹。这很棘手，因为镜像是左右颠倒的，但只要多加练习，普通人可以学会如何做到这一点。米尔纳认为，H. M.的任何进步都表明他记住了眼手运动技能。她在3天里给了他多次机会来描画这个图形。图1-1显示了他的进步。

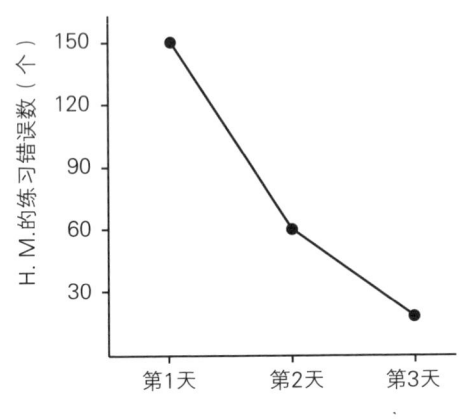

图1-1 H.M.描摹图形能力训练

他每天都在进行这项挑战，每天都有进步。3天后，他的表现相当不错，描图更准确了，所用的时间也少多了。尽管H.M.的技能不断提高，但他对自己曾经完成过这项任务却没有任何记忆——每天他都像从未见过这项任务一样去完成它。他对生活经历的记忆被破坏了，但他对眼手协调的记忆却正常运作。这个实验戏剧性地揭示了，对于人类不同的经历存在不同的记忆系统。这个想法本身并不新鲜——心理学家传统上已将记忆区分为"短时记忆"和"长时记忆"（long-term memory，也译作"长期记忆"或"长时程记忆"）。但除此之外，没有令人信服的证据表明存在其他特定形式的记忆——现在有了。

起初，研究人员认为运动技能是一个特例，是对一般长时记忆系统的补充。一般长时记忆系统被认为可以存储所有其他类型的过往经历。然而，随着研究的不断推进，十年又十年，一幅不同的图景出现了。这幅图景现在包括几种形式的长时记忆，从在日常活动中可见的主要系统，到处理特殊情况的微妙而深奥的系统，不一而足。其中四个系统作为下一章的重要内容，每个系统都是一种独特的长时记忆形式,一种保留过往经历的独特方式。

H. M.的手术影响了其四个记忆系统中的两个:"情景记忆"(episodic memory,也译作"情节记忆"),即记住新的"情景"或生活经历的能力,如吃午餐或阅读杂志;"语义记忆"(semantic memory),即记住关于现实世界的新事实的能力,如H. M.的护理人员的名字或他居住空间的布局。

◆ 记住经历和记住事实

20世纪70年代,著名记忆研究者恩德尔·图尔文(Endel Tulving)首次区分了上述两种记忆系统,此后,这两种系统成为现代人类记忆理论的基础。图尔文提出,情景记忆系统和语义记忆系统不仅在它们所记忆的信息类型上有所不同,而且在回忆信息的方式上也不尽相同。

就情景记忆而言,记忆涉及"回到"过去,重新体验早些时候发生的事情。想想你昨晚吃的晚餐。你能回到那个时候吗?你和家人是坐在一张桌子旁吗?你们吃了什么?好吃吗?你吃饱了吗?你用了餐巾吗?吃完后,那些餐具是怎么处理的?要回答这些问题,你必须在脑海中回到现场,找到当时的视觉、听觉、味觉和感觉的残余,从而获得特定的情景记忆。请注意,当你把注意力集中在餐桌、餐具和食物上时,你能够很容易地回忆起晚餐的方方面面,重新捕捉到那次经历的各个部分。图尔文认为,回到早些时候的场景中并重新体验的感觉是情景记忆的决定性特征,也是区别于语义记忆——"事实的仓库"(storehouse of facts)——的特征之一。

现在试着回忆语义记忆:对自己说出美国第一任总统的名字。你知道一美元相当于多少美分吗?法国的首都在哪里?美国国旗是什么颜色?这些事实通过检索(retrieval)可能会立刻浮现在脑海中，比昨天的晚餐"更快地"出现在意识中。检索也是一种非常特别的体验。这些非个人化的信息与获得它的特定地点和时间无关，因此缺乏情景记忆所具有的丰富感官体验。当问及一个成年美国人他是如何知道乔治·华盛顿是第一任总统时，你能得到的或许只有茫然的眼神。这仅仅是他"知道"的东西。我们都拥有丰富的语义记忆——事实、概念、名称、术语等，这些可能有用的零碎知识与我们遇到它们的时间和地点早已分离，需要时随时可以"进入"我们的意识。

● 心理时间旅行

赋予情景记忆与语义记忆截然不同的感觉，这就是"心理时间旅行"（mental time travel）。在时间上定位过去的经历是一项复杂的认知成就。它始于我们的时间感，而时间感本身就是一种高级能力。儿童几乎是到了上学年龄，才会牢固地掌握"现在"是一个时间点，一边是"过去"，另一边是"未来"。但是情景记忆需要更多的能力，一种更令人印象深刻的"心智计算"："回到"过去的某一时刻，并从个人角度重新构建它的能力。这一能力很重要，因为它阐明了在"心理时间旅行"中实际上发生了什么——是我们的自我意识在时间轴上向后移动，"回到"了想要的记忆中；而我们在完成这项工作的同时，并没有失去"现在"原本应有的更优先的正确位置。当你看到去年夏天旅行的照片时，你可能会停顿片刻，让情景记忆带你回到当时的冒险经历中，想起具体的细节，重温你的所做所想、所见所闻，然后再回到"现在"，继续一天的生活。

自我意识并不局限于"向后"旅行，它也可以"向前"旅行到未来。事实上，在图尔文看来，情景记忆系统既是我们对过去经历的重温，也是对未来想象的投射。我们不仅可以记住之前的旅行，还可以计划新的旅行。计划、预测和白日梦类似于回顾、追忆和缅怀，这两种能力是相互联系的。儿童在同一年龄段，通常5岁左右，就已经发展出双向时间旅行的能力；而那些记不起最近发生过什么事情的老年人，通常也很难想象未来。

情景记忆是我们自身最复杂的记忆系统。它错综复杂的内在运作机制可能解释了为什么它是儿童时期最晚出现的记忆系统，也是老年时期最先衰退的记忆系统，而且最容易受到疾病、头部创伤和缺氧的影响。情景记忆的复杂性让科学家们开始思考，其他动物是否也有这种记忆。图尔文认为，这种记忆系统只在人类身上得到了充分发展，其他动物对过去的了解比较有限。

- **连接事实**

情景记忆的独特价值绝不会削弱语义记忆的贡献。语义记忆是我们的知识库、我们的字典、我们的私人搜索引擎。它不仅仅是"事实的仓库"，它还能在事实之间建立联系，因此当我们回忆起某个事实或概念时，我们还能直接而快速地访问相关的信息。语义记忆被认为是从最近的经历开始形成的。在睡眠期间，新的情景记忆被"回放"，这一过程既能强化记忆，又能识别关联、关系和模式，这些关联、关系和模式便成为了语义知识，就像乔治·华盛顿（George Washington）和美国第一任总统之间的关联。但这并不是结束。新发现的事实还会与我们知识网络中的相关信息联系起来。一旦你检索到"乔治·华盛顿"，你就可以立即访问你在不同时间了解到的关于他的其他事实：美国第一任总统，美国独立战争中的总司令，那个不会对樱桃树撒谎的小男孩，美元钞票上的面孔。这就是语义记忆的巨大贡献。它不仅与事实相关，还与它们之间的联系相关。

● 外显记忆

说到"记忆"时,我们通常想到的是情景记忆和语义记忆。心理学家称这两种记忆形式为"外显记忆"(explicit memory),因为我们很容易将它们视为记忆——两者都是来自过去的明确无误的信息。而其他形式的长时记忆似乎并不像记忆,尽管它们同样是对过去的反映,比如骑自行车。虽然会骑车是基于以前的学习,但感觉不像记忆——它只是你知道该如何做的事情。你的身体会"自动执行"一系列操作,因为关于如何做的信息是在"幕后"被检索并发挥作用的。这些技能记忆植根于你第一次骑自行车的紧张感、你对转弯和停车的掌控感,以及你熟练掌握骑行前的长时间练习。但是,当你"现在"骑自行车时,并没有意识到任何记忆,你只是在做自然而然的事情。

科学家是通过观察行为而不是让人讲述记忆来了解这种记忆的。正是通过行为观察,人们才发现了H. M.为何可以学习新的运动技能。这种记忆被称为"内隐记忆"(implicit memory),因为它们是从行为中被推断出来的。正如我们将要看到的,两种形式的内隐记忆——技能和习惯以及巴甫洛夫联想(Pavlovian Associations)——在我们的生活中与情景记忆和语义记忆一样重要。图1-2显示了本章所讨论的外显和内隐记忆系统。

```
        外显记忆                    内隐记忆
         /  \                        /  \
        /    \                      /    \
   情景记忆  语义记忆           习惯和技能  巴甫洛夫联想
```

图1-2 长时记忆的分类

◆ 内隐记忆：技能和习惯

我们每天所做的大部分事情都不需要外显记忆。我们系鞋带、做饭、吃饭、开车、避开障碍物，几乎都不用考虑如何完成这些任务。这些程序性技能和习惯都是基于多年积累的内隐记忆，只需要在适当的时候检索一下即可。它们是在不断的尝试和失败中逐渐形成的，因为成功和失败会改进行为模式，并优化它们以提高效率。

最近，我买了一双比旧鞋稍长的鞋，这让我对这一过程有了新的认识。我发现我竟会因新鞋鞋尖儿碰到楼梯侧壁而跟跟跄跄，因此不得不调整自己上楼梯的动作。很明显，我此前已经适应了穿着旧鞋上楼的习惯动作。经过一段时间的经验积累，我的系统稍微调整一下，便可以做出更准确、更安全的上楼动作。当我们驾驶不同的汽车、使用新的手机或学习烹饪一道新菜时，我们也会经历同样的过程。

由于内隐记忆与外显记忆的机制不同，因此在主要影响情景记忆和语义记忆的阿尔茨海默病早期，内隐记忆即技能和习惯能保持不变。这在罗纳德·里根（Ronald Reagan）与阿尔茨海默病的斗争中表现得很明显。这位美国第40任总统于1993年透露了自己的病情，不到3年，他的记忆力就严重受损——他记不起自己每天做过什么，也无法认出与他共事多年的人。尽管有这些严重的外显记忆问题，但他还是定期打高尔夫球，穿西装打领带，并表现出他特有的绅士风度。当有访客来访时，即使他不认识他们，也会热情地欢迎他们。当他进入电梯前，必定会退后一步，以一种优雅的姿态让女士们先走进电梯。这些习以为常的行为模式在他患病多年后仍然保留着。

许多重要的技能都是心理技能。一位专家医生在诊断某种令人费解的疾病时，会根据多年的实践经验，告诉自己应该注意什么，应该问哪些问题。在这种实际情况下，光靠"书本知识"是不够的。像他这样的心理技能属于经验习得，就像运动技能一样。经验为从业者提供了比事实更多的东西，是他们难以用语言表达的东西，也是他们处理问题的依据所在。例如，放射科的专家医生与实习医生不同，前者能迅速地聚焦于X光片中的异常部位，同时忽略其他看起来正常的部位，这样他们就能将全部注意力集中在对临床有重要意义的区域。同样，经验丰富的计算机程序员能够凭直觉发现软件设计问题并给出解决方案，而初学者必须通过线性的、循序渐进的方式才能做到。成功和失败使专家积累了深厚的、内隐的技能和习惯，他们将这些技能和习惯与外显的事实信息完美地结合在一起。从某种意义上说，专家的标志正是这种内隐的"独家秘笈"和外显"事实知识"的融合。

◆ 内隐记忆：巴甫洛夫联想

人们对另一种内隐记忆系统的认识来自俄国生理学家伊万·巴甫洛夫（Ivan Pavlov）著名的记忆研究。图1-3展示了有史以来最著名的心理学实验，在这个实验中，一只饥饿的狗，一对铃铛和食物被联系在一起。众所周知，经过几次训练之后，狗一听到铃铛声就开始流口水，这种反应隐含地证明了狗对铃铛声和食物之间存在联系的记忆。这是一种遍布动物世界的原始记忆系统，即使在诸如蚂蚁和蛤蜊等与人类相去甚远的生命形式中也是如此。它允许大小动物都能预测环境中的重要事情。就像运动技能一样，即使在外显记忆严重受损的情况下，也可以激发巴甫洛夫联想。瑞士心理学家爱德华·克拉帕雷德（Eduarde Claparède）在1911年报告了一个早期的例子。他描述了一位健忘症患者，这位患者和医生约见了很多次，却始终记不住对方，每次见面时医生都需要重新做一番自我介绍，就好像他们从未见过面一样。病人的记忆问题是长期酗酒造成的，这是一种被称为"科萨科夫综合征"（Korsakoff's syndrome）的疾病，这种疾病会严重削弱外显记忆系统的功能。某一天，克拉帕雷德在又一番自我介绍后，把一根别针放在手指间，当病人碰到医生的手时，她被别针刺痛了。后来，在患者忘记了那次"互动"后，医生伸出手去做出了准备同她握手的姿势，就在即将碰到之时，患者下意识地把手缩了回来。尽管她并不知道自己为什么会对医生的手抱有戒备之心，但她对别针刺痛和他的触碰之间存在联系的记忆，已经被保留了下来。

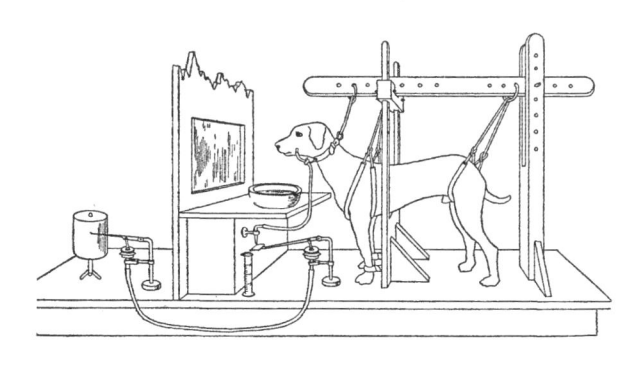

图1-3 巴甫洛夫的实验装置

巴甫洛夫联想通常是朴实的、内隐的和原始的，与外显记忆中的事实性、知识性特征截然不同。一个经历过严重车祸的人，事后可能对刺耳的刹车声作出应激反应——心跳加速，手心出汗，肾上腺素激增。这些内隐记忆的联想是无意识地、自动地被检索到的。因为巴甫洛夫联想通常会伴随着外显记忆而发生，刺耳的刹车声也可能作为有意识的情景记忆，唤起对事故细节的记忆。有了这些知识储备，作为记忆课程的学生，我们不妨仔细分析一下这种体验，并认识到这种直觉反应代表了来自更原始记忆系统的检索，它对我们是有帮助的。它的存在远早于其他记忆系统的进化，这种类型的记忆对动物应对复杂而危险的环境至关重要；即使在像我们人类这样的高等动物的生活中，这种古老的记忆系统仍然发挥着重要作用。我们在医生扎针前会下意识地退缩一下，在我们最喜欢的餐厅浏览菜单时会流口水，听到朋友的声音会微笑，或者听到警笛声时会忐忑不安。这些自动联想，让我们对即将发生的重要事件做好准备。

◆ 多重记忆系统：一个重大发现

发现不同的长时记忆系统是一项革命性的科学进步，是现代记忆研究的基础。它使研究人员能够提出更精确的问题，并发现不同类型记忆所独有的记忆原理。科学家们现在知道，基于经历的情景记忆在生命过程中是从30多岁开始缓慢衰退的，但基于事实的语义记忆实际上会随着年龄的增长而提高，直到60多岁。因此，形成强大的语义记忆与培养优异的技能记忆，其最佳训练方法截然不同。

新的视角还提供了一个认识人类记忆系统的框架，该框架与心理能力的进化观点是一致的。一方面，程序性记忆（技能和习惯）与巴甫洛夫联想都是基于原始的记忆系统。这两种记忆在动物界中随处可见。而另一方面，外显记忆则更为先进。它依赖于新近进化的神经能力，并支持语言、推理和解决问题等复杂的行为形式。

多重记忆系统的发现有助于我们理解人类的意义，因为它确定了我们能够保留和利用过去的哪些方面来拓展我们的兴趣。每种记忆系统都为不同的目的而捕捉不同种类的信息。有些类型的记忆是有意识的，有些则不然。有些记忆只保留特定的事情，有些则将它们混合在一起。有些记忆系统与大多数动物的记忆系统几乎没有区别，而另一些似乎只存在于高等动物中，甚至有一种记忆类型可能是我们人类所独有的。

在接下来的章节中，你将进一步了解到这些记忆系统的工作原理以及如何改进它们。长时记忆系统只是其中的一部分。第2章的主题是短时记忆或"工作记忆"(working memory),这类记忆系统能让我们处理当下活动(从表达一个想法到准备一顿饭)所需的信息。

◆ 记忆实验室:两种视觉助记法

本书每章末尾的"记忆实验室"将为你提供尝试不同助记法的机会。在这里,我将介绍视觉助记法(visual mnemonic)。这是一种基于视觉图像的记忆辅助工具,我将以一种记住四种长时记忆系统的方法为例来详细说明。

视觉助记法是学习记忆艺术的一个恰当的历史性起点。古代记忆大师深知视觉助记法的力量,并强调其重要性,因此大多数经典的记忆艺术都广泛地使用了视觉图像。西塞罗(Cicero)在公元前55年写道:"我们所有感官中最敏锐的是视觉,因此,如果通过耳朵或其他来源获得的感知经由视觉这一中介传递到我们的头脑中,就最容易被记住。"

将西塞罗的建议付诸行动的第一步是确定需要记忆的信息。我将重点放在图1-2上,该图显示了四种记忆系统,这些系统分为外显记忆和内隐记忆。这张图本身就足以帮助你记住这些系统,但我要用更多的图像来重新设计它,这样我就可以介绍两种构建视觉助记法的有效方法。

● 基于直观图像的助记法

图1-4所示的视觉图像是一个记忆辅助工具,可以帮助人回忆起两种内隐记忆系统。一只狗被套在巴甫洛夫实验装置上,正准备接住飞盘。"飞盘"是技能和习惯记忆的线索,"狗"是巴甫洛夫联想的线索。如果你能记住这张图片,就很有可能记住这两种系统。

创建这种视觉助记法的基础是找到一个与你试图记忆的内容有直接联系的图像。

● **基于替代词的助记法**

对于情景记忆和语义记忆这两种形式的外显记忆，用视觉图像这一辅助工具效果如何？我们马上就能发现直观图像法的局限性。那么什么样的图像可以作为"情景记忆"的线索呢？这是一个抽象的术语，而直观图像法使用的是具体的图像。

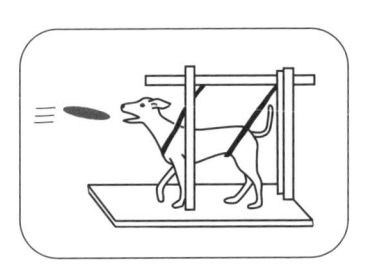

图1-4 用来记忆技能和习惯以及巴甫洛夫联想的视觉图像

使用视觉图像时，一个常见的问题是：所有我们想要记住的东西并非都可以被视觉化，因此直接联想并不总是可行的。不过，有一种变通方法，即一种被称为"替代词"（substitute word）的策略，也称为"关键字助记法"。几个世纪以来，这种方法一直深受记忆大师们的喜爱和推崇。运用这种方法时，我们需要寻找一个与抽象词发音相近的具象词，然后为这个具象词创建一个视觉图像。视觉图像帮助我们记住具象词，而具象词的发音帮助我们记住抽象词。它的工作原理是这样的：

记住视觉图像→
　　　　记住具象词→
　　　　　　　　记住抽象词

为了在这里应用这一策略，我选择了"异国鲑鱼"（exotic salmon）作为"情景记忆"和"语义记忆"的替代词，因为它们听起来有些相似（指与"episodic"和"semantic"的发音相近）。然后我创建了如图 1-5 所示的图像。为了记住这两个外显记忆系统,你可以想象"异国鲑鱼"的图像,而表达图像所用词语的发音,则可以帮助你记住"情景记忆"和"语义记忆"。

图 1-5 运用基于替代词的视觉助记法来记住"情景记忆"和"语义记忆"

- **如何使用助记法**

我已经将这两幅图像组合成了一张助记图,见图 1-6。请仔细看看它,因为接下来我要你在想象中重新创建它,并用它作为提示记忆的线索。

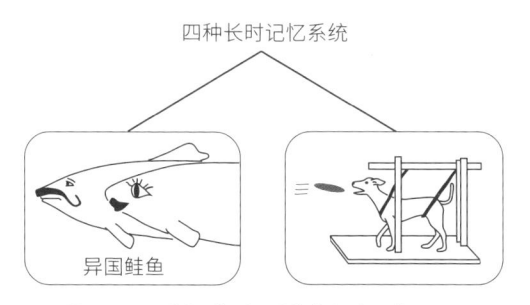

图 1-6 四种长时记忆系统的视觉图像

当你准备好后,请闭上眼睛,回想视觉图像。首先从远处开始想象,这样你就可以看到完整的图像,它的两个部分并排在一起。然后放大"鲑鱼"的图像,在脑海中仔细地检索。回忆替代词,并用它们来思考两种外显记忆系统。让你的联想自由发挥,这样你就可以回忆起这两种记忆系统的特征。接下来,将注意力移动到"狗"的图像上,并重复上述过程。如果你发现自己脑海中的图像是碎片化的、薄弱的或模糊的,没关系,只要让它们尽可能地清晰即可。在接下来的章节中,随着你的持续努力,你的心理想象能力会有明显的改善。

这种助记法能带来多大的记忆效果？这将取决于作为记忆线索的视觉图像对你的有效程度，以及你对助记法的记忆程度。在后面的章节中，我将对这两个方面的要求作更多的说明。

● **关于视觉图像**

人们描述自己头脑中图像的生动程度是大相径庭的。有些人描述的图像细节丰富、色彩鲜艳，但对另一些人来说，他们口中的视觉图像则显得模糊不清、支离破碎、转瞬即逝。幸运的是，研究表明，本书所描述的视觉助记法并不需要高水平的视觉想象能力。模糊而呆板的视觉图像和清晰而生动的视觉图像一样，都能增强你的记忆力。此外，你还可以通过练习来提高你的想象能力。请记住，当你在头脑中想象图像时，你所使用的"大脑机器"使你感觉与实际看到的东西是一样的。因此，"基础设备"是存在的，问题只是学会如何使用它。这值得一试！心理想象不仅是一种有用的记忆工具，还是一种丰富的心理体验，而且可能正是你所缺少的。

第 2 章
工作记忆：不只是短时记忆

为了应对日常生活的需求，我们需要短时记忆，就像我们需要上一章所述的长时记忆一样。短时记忆可以让你在听到一长串电话选项时记住要按哪个数字；当你试图按照说明书组装新书架时，也要依靠它。短时记忆保存着我们完成工作所需的细节。由于短时记忆与完成任务密切相关，心理学家不再孤立地看待它。他们用"工作记忆"来指代整个过程，包括记忆细节和执行任务。要了解工作记忆的作用，请跟随吉姆·丹尼尔斯（Jim Daniels）诗作中忙碌的厨师一起学习。他有一个"大订单"要处理，这意味着他既要处理细节信息，又要完成任务。

快餐店厨师

相貌普通的乔走进店里

点了30个芝士汉堡和30份薯条

我得等他付钱后才开始烹饪

他付了钱，他的食量非同寻常

三排十列，刚好铺满了整个烤架

我把汉堡放上烤架

再把两桶薯条扔进油炸筐里，"嗞嗞嗞……"

柜台边的年轻女孩都笑了

而我必须集中精力，这很重要

助手准备好了奶酪/我撕下一片片奶酪/把它们铺到汉堡上/薯条做好了/倒出/再炸一桶/汉堡烤好了/盖上面包顶/整理融化的奶酪/用塑料袋包裹好汉堡/装进纸袋/薯条做好了/倒出/装满30个袋子/把它们

拿到柜台/用袖子擦汗并对柜台边的女孩微笑

  我挺起胸膛吼道：30个芝士汉堡，30份薯条！

  她们看我的样子很好笑

  我抓起一把冰，扔进嘴里，跳了一段舞

  然后走回烤架旁

  压力、责任、成功

  餐齐了！30个芝士汉堡，30份薯条

  这首诗的主人公需要短时记忆力、注意力和计划力才能完成这么"大"的任务。可以肯定的是，记忆是其中的一部分——对订单的记忆，对工作计划的记忆，对肉、面包、薯条和奶酪状态的记忆。但同样重要的还有制订计划、密切观察和执行任务。这些功能都是在紧密结合的工作记忆系统中实现的，该系统专门应对眼前的挑战。

  当你查找电话号码、拨打电话并将其牢记在心时，你就在使用工作记忆；当你点比萨时，工作记忆会帮你记住"两份加蘑菇，一份加炒辣椒，一份加凤尾鱼"；正是工作记忆让你能在商店里比较不同商品的价格，然后选择最划算的商品；工作记忆还能帮助你在互联网上搜索，保持注意力集中并跟踪搜索结果。你能否顺利地搜索并得到想要的结果，部分取决于工作记忆系统能否牢牢记住你的目的，而不被宣传新电影的彩色广告或提供免费理财建议的弹出式窗口所干扰。

  工作记忆对理解语言尤其重要。基于语言的特性，当你阅读文字或聆听演说时，词语会一个接一个地出现在眼前。工作记忆会收集这些词语并将其保留下来，这样你就能理解所听或所读内容的含义。当你想说出一个句子时，工作记忆会收集你的想法，形成一个语句，并记住你打算用的这些词语，直到你说出来。如果有任何闪失，你就会陷入尴尬境地，不得不承认自己忘记了原本想说的话。

工作记忆系统让我们能够制订计划、控制注意力和执行任务，同时为我们在过程中所使用的信息提供临时的记忆存储区。工作记忆系统的特点之一就是灵活性，因为完成一项工作需要多种方法。有趣的是，这种灵活性还延伸到了人们记忆信息的不同方式上。当我在记忆课上要求学生在几秒钟内记住某个数字，然后写下来时，我就看到了这样的例子。例如，我可能会让他们记住数字"1081359"。大多数学生表示，他们能以语音的形式记住这个数字；但也有一些人——大约10%的人，说他们是通过视觉记住的，就好像他们在脑海中看到了这个数字；偶尔也有一些人把数字记成在手机上输入时的拇指动作。显然，人们在使用工作记忆系统时有多种选择。

然而，这些不同的形式并没有穷尽所有的可能性。人们还可以将数字与其他信息联系起来，使其更容易记忆。一位女士在这个特定的数字中看到了她母亲的出生日期（1959年8月13日）。因此，对她来说，"1081359"变成了"10 + 8/13/59"，然后又变成了"10 + 妈妈的生日"。一旦建立了这种联系，她就能轻松记住。这些例子表明，工作记忆并不是一个被动的信息储存库，我们每个人在工作记忆如何处理信息方面都扮演着积极主动的角色。决定我们采用何种特定格式的缘由可能是我们的个人特质，例如视觉或语言天赋，或者是过去处理类似材料的相关经验。

◆ 工作记忆的原理

研究人员认为，工作记忆是由两个不同层次的心理活动产生的。第一个层次被称为"执行处理器"（executive processes），它管理着工作记忆的使用方式，包括注意力、计划、策略和后续行动，就像我们在做饭时所运用的那样。"执行处理器"将人类大脑中最先进的部分——高度进化的额叶——的指令付诸行动。工作记忆的第二个层次是"记忆存储器"(storage component),信息在这里被保留和处理。在上述例子中,工作记忆将一个数字作为心理语言或心理图像保留下来,或将其与你所知道的某些事实联系起来。

图2-1是根据颇具影响力的英国研究员艾伦·巴德利(Alan Baddeley)的研究成果绘制的,显示了这两个层次——上层是"执行处理器",下层是"记忆存储器"。短时记忆有两种形式,即语音记忆和视觉记忆,它们分别以声音或图像的形式储存信息。还有其他类型的短时记忆,例如肌肉运动记忆,但人们对语音记忆和视觉记忆的研究最多,因此在这里我重点介绍。工作记忆与长时记忆的联系也很重要,尽管工作记忆系统主要是为当下的工作而处理短时信息,但长期知识也可能与之密切相关,正如我们在那位用母亲的生日来记住一长串数字的女士身上所看到的那样。

```
            ┌──────────┐
            │ 执行处理器 │
            │  注意力   │
            │  计划     │
            │  ……      │
            └──────────┘
           /     |      \
    ┌────────┐ ┌────────┐ ┌────────┐
    │语音短时 │ │视觉短时 │ │关联长时 │
    │ 记忆   │ │ 记忆   │ │ 记忆   │
    └────────┘ └────────┘ └────────┘
"yī líng bā yī   1081359   "10+妈妈的生日"
 sān wǔ jiǔ"
```

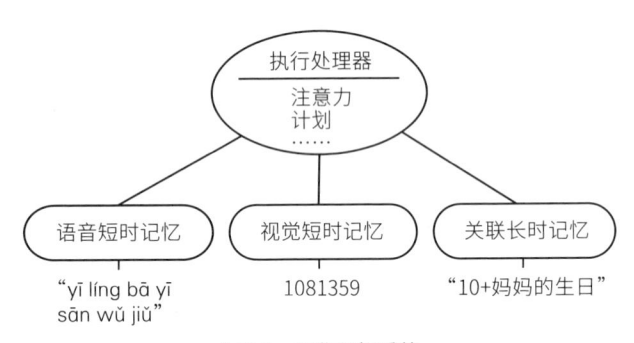

图2-1 工作记忆系统

为了了解该系统在现实世界中是如何运作的,让我们把目光转回到快餐店厨师身上,看看他是如何准备30个芝士汉堡,30份薯条和装盘的。他可能记得点单时的发音(也许是"sānshí"和"sānshí"),而其他细节可能是视觉记忆,比如篮子里还剩多少薯条,还有一些细节可能是肌肉动作记忆,比如他把锅铲放在哪里。

他最有可能利用长时记忆来制订他的总体工作计划，而"执行处理器"则要管理所有这些计划并排序，从而完成订单。

在这段时间里，他每时每刻的意识体验都反映着工作记忆系统的运作状态。当他把注意力从烤架转移到油炸锅上时，冒着气泡、嗞嗞作响的油炸筐就成了他精神世界的中心，直到他把注意力移回烤架，看看肉饼是否已经准备好并可以放上奶酪片的时刻为止。工作记忆的运作被认为决定了我们在任何时间点的意识——它似乎是意识的核心所在。

◆ 工作记忆能容纳多少内容？

工作记忆是有限度的。如果需要拨打1514***4358这样的号码，我们中的大多数人都要看上不止一遍才能准确拨通。长时记忆被认为是无限的，而工作记忆则不同，它在任何时候都只能存储少量信息。大多数说英语的大学生能记住七八个数字，而记住一个复杂、陌生的名字，如乌克兰城市新莫斯科斯克（Novomoskovsk），很可能就是工作记忆所能处理的极限。

极限不仅取决于材料，还取决于人，因为人们的工作记忆能力不同，而这种差异会产生重要的影响。心理学家测量记忆能力的一种方法是记忆任务，要求测试对象听一个数字，然后倒着说出来。例如，测试对象可能会听到数字"78056"，然后回忆并说出"65087"。这比单纯重复数字要难得多，并且对工作记忆的要求也很高。测试开始时，要求测试对象倒序重复两个数字，然后增加数字的个数，直到测出他的最高记忆能力为止。

由于倒序记数测试通常作为智力测验的一部分，因此有大量数据可以用来反映人们的得分情况。图2-2就是根据这些数据绘制的。深色实线表示倒序记数测试的平均成绩。该实线上下两条虚线显示了不同测试对象在测试中所表现出的巨大差异——90%相对出众者的工作记忆能力高于平均值，也有10%的人低于平均值。

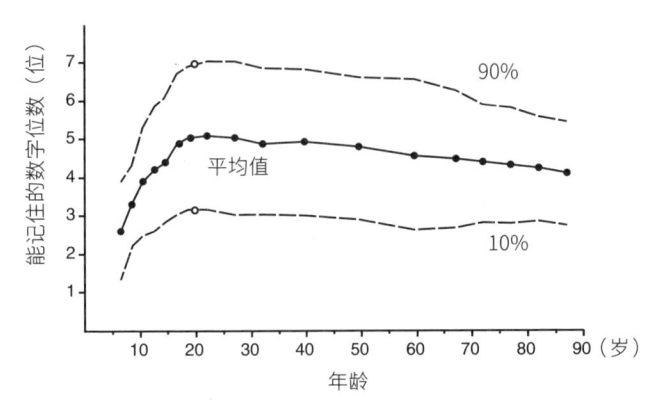

图2-2 人们随着年龄的增长而产生的记忆力差异

图2-2显示的是不同年龄考生可以倒序背诵的数字数量。实心圆表示所有考生的平均值。上下两个空心圆则突出显示了20岁人群在倒序数字记忆能力的差异。

请注意，工作记忆能力在童年时期会不断增强，20多岁时达到顶峰，然后开始在漫长的岁月里缓慢下降；到80多岁时，工作记忆能力从接近5位倒序记数的高位下降到大约4位倒序记数。在记忆难度较高的情况下，例如同时处理两项任务时，年龄的影响会变得更大，但总体而言，在诸如此类的测试中，工作记忆能力在人的一生中只会呈现平稳下降的趋势。

鉴于老年人时常对短时记忆衰退产生抱怨，可图2-2显示他们的记忆力下降其实并不明显，这一点令人吃惊。从图表中可以看出，造成他们记忆困难的主要原因，很可能并不是记忆存储能力本身。相反，他们的问题往往来自工作记忆的另一个方面，即注意力。为了了解这种情况是如何发生的，请看这个正在书桌边核对支付账单的人，她准备去厨房拿一杯橙汁，然而当她发现自己站在冰箱前时，却不知道该拿什么。可能出错的场景包括但不限于当她走向厨房时，注意力从橙汁转移到了其他事物上——也许她看到了一盆需要浇水的植物，也许她想到了一通需要拨打的电话，等等。这些有意识的想法发生在工作记忆中，取代了去拿橙汁的任务。随着她走到冰箱前，她的目的原本必须"恢复"，可是这个目的并没有出现在"当前"的工作记忆中，因为工作记忆系统已被她游移不定的想法所占据，于是她必须在其他地方找到原本计划好的目的。如果幸运的话，她会在长时记忆中找到它；但如果不在那里，她就必须回到书桌前，看看能不能再回忆起来。只要她回忆起自己想要做什么，拿橙汁的任务就会重新进入工作记忆，并再次成为她的行为目标。因此，困扰老年人的通常是注意力被分散，而不是工作记忆的存储能力，老年人是在与"短期遗忘"（short-term forgetting）做斗争。我们将在下一章中讨论注意力的问题。

  图中最重要的信息，不是年龄变化所导致的渐变，而是虚线所示的同龄人之间记忆力的巨大差异。请仔细观察一下20岁测试对象的记忆力。我用空心圆表示一个处于100人中第90位的20岁考生和另一个处于第10位的考生，可见他们的记忆力悬殊——超过两倍！人和人记忆力的差异如此之大，必然会产生显著影响，事实也确实如此。

  工作记忆能力的差异，与许多需要发挥智力的场景下的表现有关。对于大学生来说，可以通过工作记忆测试直接预测其阅读理解能力——那些能从文章段落中回忆起最多细节的学生，正是工作记忆能力得分高的群体。这些学生还能更好地利用上下文来理解陌生单词的含义。在推理能力测试中，工作记忆强的成年人普遍能比其他人更快、更频繁地得出正确结论。学习计算机语言的学生如果在工作记忆能力方面的得分较高，那么他们掌握计算机语言的速度会更快。在一项对飞行员的研究中,那些工作记忆能力强的人表现出更好的"处境意识"(situation awareness),体现在他们对飞机周围的地形、其他飞机的位置、仪表读数和飞行控制器设置的整体把握。飞行员经验越少,工作记忆能力就越重要。

工作记忆能力与成绩之间的关系,引发了人们对工作记忆与基础智力之间关系的质疑。事实上,研究表明,工作记忆与智商的一个特定组成部分——逻辑思维和解决新问题的能力——之间有着惊人的紧密联系。这种能力被称为"流体智力"(fluid intelligence),它是通过测试题来衡量的,如图2-3所示。"流体智力"与工作记忆的联系如此紧密,以至于有人猜测二者实际上是合而为一的。虽然大多数研究人员认为这种说法太过夸张,但毫无疑问的是两者之间有着高度的重叠。现有的证据表明,一个在工作记忆测试中表现出色的人也善于解决问题、掌握新技能,并在智商测试中取得好成绩。

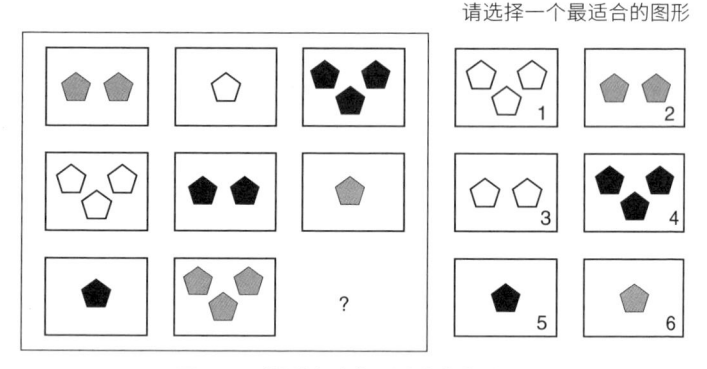

图2-3 "流体智力"测试中的典型问题

虽然工作记忆能力很重要,但生活中的大多数日常活动并不会对其造成压力。就像快餐店厨师一样,我们大多数人都能有计划、有条理地履行自己的职责。工作记忆能力最重要的场合是挑战新奇的任务——对脑力要求较高,比如第一次尝试做芝士舒芙蕾,其步骤复杂，对火候及烘焙时间的要求极为精确。尽管工作记忆能力强的人在这些情况下会更容易些，但其他人也能成功应对。因为随着经验和知识的积累，我们的工作记忆能力就不那么重要了。在大多数情况下，工作记忆受知识、经验和记忆策略的影响要大于其原始能力或容量。

◆ 工作记忆的分块和组织

当研究人员在实验室中测试工作记忆能力时，他们会使用一些陌生的任务，比如倒序记数，这样做是为了选定一种不受过去学习影响的基本思维能力。但是，日常生活中很少有这么全然陌生的情况，而且我们往往可以利用经验来提高成绩。举个例子，如果给你一个电话号码18002753733，你可能不会把它当作长达11位的一串数字来处理，而是把它分割成4组数字来处理，例如1－800－275－3733。对数字进行分块是我们从记忆电话号码、社会保险号和信用卡号的经验中学到的一种策略。这种重新组织信息的方法被称为"分块"，是一种行之有效的扩展工作记忆容量的方法。

在长时记忆的支持下，分块记忆会变得更加强大。我们在那位用母亲生日来记忆数字的女士身上就看到了这一点。助记法的一般原则是，将你想要记住的信息与其他知识联系起来，有助于你记住新信息。因此，虽然记住1－800－275－3733确实比直接记住18002753733有进步，但更有效的分块法是1－800－ASK－FRED。现在，这11位数字被拆为两个分块——"1－800"和"ASK－FRED"，前者是基于我们对免费电话的了解，后者则是基于我们所熟知的单词而衍生出的一个有意义的短语。这种方法不仅能帮助我们将号码保留在工作记忆中，还能将其建立在长时记忆中，一旦建立了长时记忆，我们就不用再依赖工作记忆来回忆号码了。

分块法可以刻意运用，比如记忆电话号码和生日，也可以自发产生。当专家学习其专业领域的新知识时，他会毫不费力地将新知识与已有知识联系起来，从而增强记忆力。想象一个热衷于观看棒球比赛的资深球迷，对他来说比赛并不是在"真空"中进行的。他丰富的比赛知识为他提供了许多将新信息与已有知识联系起来并分块记忆的可能。与新球迷相比，资深球迷在比赛记忆方面具有相当大的优势。

大卫·汉布里克（David Hambrick）和兰德尔·恩格尔（Randall Engle）召集了181名处于18岁至86岁之间、对棒球知识有广泛了解的人，就棒球知识对他们做了丰富的测试，以检验"专家知识"（某领域专家在长期实践过程中积累起来的知识和技能）对记忆力的贡献。在对参与者的工作记忆能力和棒球知识作出评估后，研究人员让他们听了几分钟模拟棒球比赛的解说，两支球队也是虚构的。解说内容摘录如下：

比赛继续，现在是拉里·雅各布击球。他今年打出<u>100个打点</u>，<u>平均打击率是0.300</u>，对一位<u>"菜鸟"</u>来说，这已经相当不错了。<u>游击手移动到牵制球位置</u>，<u>外野手向左侧挥棒</u>，球投出——一个高难度<u>滚地球</u>被击打到内野左侧。游击手飞身扑出，阻止球滚向外野。

画线短语即用来测试的信息。对参与者记忆力水平影响最大的因素是什么？是他们的工作记忆能力，还是他们对这项运动的认知，或他们的年龄？汉布里克和恩格尔采用统计方法来评估每个因素对记忆力表现的独特贡献，他们的发现如图2-4所示。很明显，关于棒球的"专家知识"是预测他们记忆能力的最有效因素。虽然工作记忆能力和年龄确实都很重要，但与棒球知识所提供的帮助相比，它们的影响显得微不足道。

因此,"专家知识"在记忆中发挥着重要作用。一个有经验的球迷从解说中会知道,"菜鸟"雅各布的表现数据不只是"相当不错",而且给人留下了深刻的印象,因此当雅各布打出一记稳定的安打时,这个事实不足为奇。对于资深球迷来说,雅各布的"菜鸟"

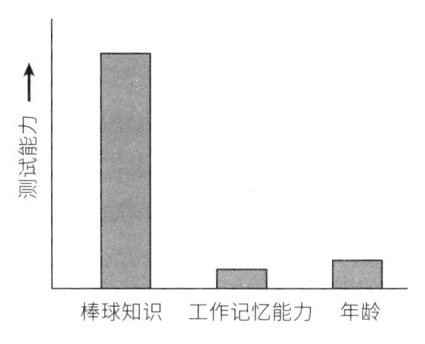

图 2-4　记忆棒球比赛信息的能力测试

身份、他的表现数据和他的安打连成了一个有意义的整体。他们还能准确地理解"牵制球"与"截杀球"的细微差别,可能还会在脑海中浮现出球员们是如何为截杀做好准备的。所有这一切都会自然而然地发生,因为资深球迷对比赛有着深刻的理解,能捕捉并记住更多细节,毫不费力地将新信息与已储备的知识联系起来。

资深球迷还能得到另一个好处,因为这些分块信息不仅本身具有意义,而且还融入了球迷所熟悉的比赛的整体结构——局数、比分、出局数、安打数。每个分块都在球迷所熟悉的棒球比赛中扮演着重要角色,有助于球迷把听到的内容组织成一个有意义的故事。当需要回忆的时候,资深球迷可以利用比赛本身的组织结构来轻松获取完整的信息。这些都是新球迷所不具备的优势,因为新球迷只能回忆起一些孤立的信息碎片。

同样,当熟练的汽修技师打开一辆故障汽车的引擎盖,观察大量的软管和线缆以及各种部件时,他们所看到的是一套熟悉的系统,这些设备之间有着合理的相互联系。这种视角最大限度地减少了对工作记忆的要求,并释放出脑力用于诊断和解决故障。汽修学徒则很难达到这样的水平。高级厨师与烹饪学徒对复杂新菜谱的理解程度不同,前者基于对菜谱的经验积累,从而使得其工作记忆能力更加出色。国际象棋大师对棋盘局势的掌控力也比新手要高,更好的记忆优势有利于他们对下一步棋做出最佳决策。在上述各种情况下,过去的经验都能减轻工作记忆的负担,使得老手在新手无法匹敌的优势下取得成功。

虽然分块和组织可以提高工作记忆和长时记忆的记忆保持率,但在工作记忆方面,即使是记忆专家也始终存在一个上限。记忆研究专家尼尔森·考恩(Nelson Cowan)在一项权威分析中指出,无论何种材料,成年人的工作记忆上限都是5块。更好地拆分信息尽管很有帮助,但无法突破我们在同一时间能在意识中保留多少信息的基本限制——通常是4块,有时甚至更少。这意味着,大多数人都能记住1-800-275-3733这个号码,但想要记住1-800-275-3733-3283这个号码就会变得非常困难。

◆ 工作记忆的天性与天赋

我们看到了工作记忆的两面性。一方面,在新奇的环境中,当我们面对一个陌生的问题或需要学习一项脑力要求很高的技能时,工作记忆能力的差异就会表现出来。工作记忆能力强的人在这种情况下更具优势。这方面的工作记忆能力似乎很难改变,而且在某种程度上可能与遗传息息相关。

工作记忆的另一面,即从知识和经验中获益的一面,则更加灵活。在熟悉的环境中,其重要性远远超过先天能力。这些益处的核心是分块和组织,它们提高了我们保留信息的能力。这将工作记忆从先天能力的限制中解放出来,并将其转移到一个新的限制中,新限制是由可以打包成大约4块的材料数量所决定的。

记忆改进技术也依靠分块和组织来提高记忆保持率。我们在上一章中看过一个例子,当时我提出了如图2-5所示的视觉助记法,作为帮助我们记住四种长时记忆系统的一种方法。这些记忆系统被编码为2个分块，并以可视化的排列方式呈现出来，从而起到了组织它们的作用。

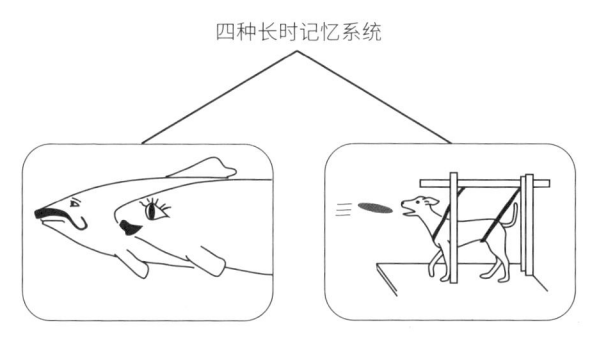

图2-5　第1章中四种长时记忆系统的视觉图像，以两块信息的形式编码

在创建和使用这样的助记法时，工作记忆是行动的中心。在创建阶段，"执行处理器"决定了设计什么样的记忆辅助工具。"执行处理器"需要设计、想象和识别分块，并找到代表它们的图像。工作记忆中的视觉记忆区和语音记忆区是对可能的方案进行评估和完善的场所。当需要使用助记法时，工作记忆会保存图像，而其线索则用于从长时记忆中检索信息。

在下一章中，我们将研究工作记忆中最重要的"执行处理器"——注意力（attention），更准确地讲，是面对干扰时保持注意力集中的能力。注意力对于"记忆艺术"和记忆日常生活同样重要。虽然注意力与记忆的关系不足为奇，但你可能会对这种关系的产生方式感到惊讶。

◆ 记忆实验室：图像优势效应

视觉图像之所以如此受记忆大师和记忆教师的青睐，原因之一在于视觉系统是人类的一种强大感官。我们显著的视觉能力与我们的灵长类祖先有直接的关联。据研究人员估计，灵长类动物的大脑皮层中约有50%参与处理视觉信息，这使得视觉系统成为我们所拥有的特别出色的感官。

视觉优势的一个实际应用就是心理学家所说的"图像优势效应"。将记忆信息从语音格式转换为视觉格式，往往就能帮助记忆。在一个典型的演示中，测试对象被要求学习一系列单词，如领带、线轴、火车、猪和针——所有这些都是表示具体事物的名词，然后他们要尝试在一段时间内记住这些单词。有时，单词表以文字的形式呈现，有时则以图片的形式呈现。一致的结论是，当测试对象看到图像时，能更好地记住这些单词。

在本章的"记忆实验室"中，我邀请你以更加直观的形式来记忆本章所介绍的工作记忆的原理，从而感受一下这种图像优势效应。首先，请看图2-6——这是我之前展示的以文字形式给出所有基本信息的图表。图像优势效应表明：如果图像更形象，记忆起来就会更容易。

图2-6　文字版工作记忆系统

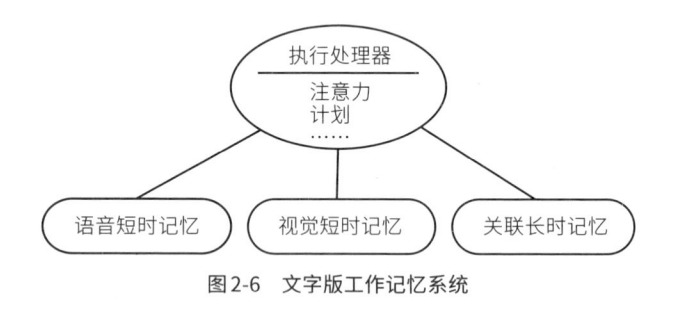

图2-7是图像版，上述原理中的关键文字信息被替换为图像元素：手电筒代表注意力，纸张代表计划，耳朵、眼睛与插头则代表了该理论中的3种存储方式。但是，有一点非常重要：我之所以选

择这些特定的图像来表示该理论，是因为它们对我很有用。为了对图像优势效应进行公平的测试，这些图像必须对你有意义，这样当你回忆这些图像时，你才会知道它们指的是什么。如果你发现我选的这些图像都不起作用，请随意替换成你自己创建的图像。

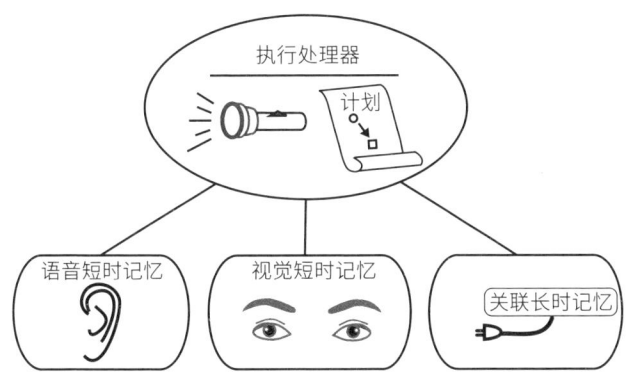

图 2-7 图像版工作记忆系统

要尝试将此图像作为记住工作记忆原理的辅助工具，首先必须将其牢固地建立在自己的记忆系统中。最好的方法就是回忆练习：仔细观察新图像后，闭上眼睛回忆它；首先从远处开始想象，这样你就能在头脑中看到整个设计，而不用关注具体细节；然后放大不同的部分，回忆它们在记忆原理中所代表的内容。

你可以在几天后测试自己对该理论的记忆程度，以检验这种方法的效果。为了使这种助记法更持久，你可能需要多次练习。我们将在后面的章节中介绍如何更好地做到这一点。

第 3 章
注意力：好记性的秘诀

　　1967年8月的一个晚上，加州大学洛杉矶分校罗斯弦乐四重奏乐团的小提琴家大卫·马盖茨（David Margetts）排练完几首贝多芬的曲子后，便驾驶他的雪佛兰科尔维特汽车回家。他随身携带了一件价值约80万美元的珍贵乐器，这是一把18世纪的斯特拉迪瓦里小提琴——是捐赠人捐给加州大学洛杉矶分校音乐系的。在回家的路上，马盖茨在一家便利店买了牛奶和橙汁，然后开车去南帕萨迪纳的古斯烧烤店吃夜宵。大约15分钟后，当他回到车里时，才发现小提琴不在那里。他惊慌失措。

　　他感到不安的部分原因是，他不确定小提琴是否一开始就在车里。"失踪后的几个小时里，我什么都无法确定。"他后来说道，"我会想到各种可能发生的情况。"夜里12点40分，当他向警方报案时，他说他很可能把小提琴忘在车顶上了。

　　但经过更多思索后，马盖茨开始相信自己曾把小提琴放在车里。"我记得放下那些东西，这样我就可以打开车门了。"他后来在证词里说，"我记得把公文包、座位后面的小提琴盒、乐谱架放了进去，然后把小提琴放在车里。"两个陈述版本可能遭遇的场景，差别非常大，因为这是盗窃和从行驶的汽车上无意掉落之间的差别。盗窃案可能发生在便利店，因为那是马盖茨唯一没有锁车门的地方。如果小提琴是从车顶上掉下来的，那就很可能是在他驶出停车场时发生的。可是令马盖茨沮丧的是，他不记得自己是真的把小提琴放在了车里，还是在装其他东西的时候把它放在了车顶上。这个关键的动作没有留下可用的记忆。

　　马盖茨和加州大学洛杉矶分校都竭尽全力想要找回这把小提琴。

他们在报纸上登寻物启事，向当铺和乐器店发出通知，还联系了警方和联邦调查局。27年来，这把小提琴一直下落不明。直到1994年的某一天，一位小提琴教师将学生的琴带到一家专门修复小提琴的商店。店主很快发现这把小提琴很特别，可能是一把真正的斯特拉迪瓦里小提琴。许多现存的斯特拉迪瓦里小提琴都已被拍过照并编入目录，这把小提琴也是如此，它因早期所有者的名字"阿尔坎塔拉公爵"（Duke of Alcantara）而闻名。这把琴的身份被确认后，很快就被证实它就是近30年前加州大学洛杉矶分校所丢失的那把小提琴。

原来，这名学生的小提琴是她的前夫送给她的，而她的前夫是从他的姨妈那里得到它的。他的姨妈是一名退休的西班牙语教师，会拉小提琴。1979年，姨妈在弥留之际，从床底下取出了这把小提琴，交给了她的侄子，并告诉他，这把小提琴是她在高速公路匝道旁发现的。经过长时间的谈判和现金补偿，这把斯特拉迪瓦里小提琴归还给加州大学洛杉矶分校，并一直保存至今。

我们的问题是，为什么马盖茨很难回忆起那个8月的晚上他是否把斯特拉迪瓦里小提琴放在车里。当然，他还记得许多其他细节——他去了哪里，买了什么，是否锁了车，车停在哪里。然而，当谈到他对自己珍爱的物品做了什么时，他的记忆却模糊不清。

最有可能解释马盖茨记忆缺失的因素就是本章的主题——注意力。他在途中所关注到的各种信息产生了可用的记忆，他可以在日后加以利用，但让他注意力分散的那些信息却导致记忆变得薄弱和不可靠。在往车里放东西时，他的注意力很容易被分散，因为放东西是一个熟悉的、几乎无意识的动作。他可能在想其他事情，比如他能否在演出前及时纠正排练中的不足，他应该停车加油还是等到第二天早上再加。我们当然无法得知他当时在想什么，但任何能将注意力从某项活动中转移的事情，都会影响我们对那项活动的记忆。

当你记不起把钥匙放在哪里，或者是否关掉了炉子，或者有没有服用药物时，你会对此感同身受。虽然我们常说，"我忘了把钥匙放在哪里"，但忘记属于用词不当，因为没有什么可忘记的。可靠的记忆一开始就没有形成，因为在行动发生时你并没有引起注意。

注意力与记忆力之间的联系并非新发现。19世纪末，广受欢迎的《思想词典》(*Dictionary of Thoughts*) 作者特里昂·爱德华兹（Tryon Edwards）曾这样说："好记忆的秘诀在于注意力。"此后，研究人员对注意力的作用方式有了新的认识，而这些新的认识并不像爱德华兹想象的那么简单。其中一个重要的发现是：注意力有不同的类型，每种类型对记忆都有各自的影响。爱德华兹所提到的注意力形式现在被称为"自上而下的注意力"（top-down attention）。马盖茨当晚的许多行为都需要"自上而下的注意力"——去便利店、决定不锁车、开车去古斯烧烤店。这些行为都"不太常规"，不能仅靠不假思索的习惯就能完成。换言之，每种情况都需要执行行动、有意识的目标和"自上而下的注意力"，这些都是创建外显记忆的必要条件。如果马盖茨在每次放小提琴之前都需要重新整理后座上的东西，他的记忆就不会受到影响。由于没有养成良好的习惯，他不得不利用工作记忆的"执行处理器"来制订计划并进行必要的整理，以便为小提琴腾出空间。这就需要有意识地集中注意力，从而为所发生的经历提供可用的记忆。

因此，避免陷入马盖茨困境的最佳方式就是设法激活"自上而下的注意力"。这很简单，比如在你放下钥匙时故意对自己说"钥匙放在桌子上"，或者在你关掉炉火后对着炉灶摇摇手指，或者在你吃完一片药后重新摆放药盒。这样做的目的是让你的日常活动中至少有一个步骤成为有意识的、深思熟虑的行为，从而激活"自上而下的注意力"以强化记忆。

"自上而下的注意力"对工作记忆和长时记忆都有好处，但工作记忆和注意力之间的联系尤为紧密，因为"自上而下的注意力"是工作记忆的基础。当信息受到"自上而下的注意力"作用时，它就会进入工作记忆，而你的工作记忆所能容纳的信息量取决于你保持注意力集中的程度。当你在路途上停车问路时，你就会想起这一点。如果路线非常复杂，你最好集中注意力听清楚，否则就会漏掉关键的指示信息。

认知研究人员兰德尔·恩格尔、迈克尔·凯恩（Michael Kane）及其同事为注意力与工作记忆之间的联系提供了一些最好的证据。他们知道，不同大学生的工作记忆能力存在差异，因此他们设计了一项研究，以了解工作记忆能力与控制注意力的能力之间的密切关系。图3-1是他们所进行的一项注意力测试。大学生看着电脑屏幕中间的一个标记，直到一个符号开始在标记的左右两边闪现。大学生的任务是立即将视线移到屏幕的另一侧，也就是说，他们必须将视线从闪烁的符号上移开。这并不容易，因为眼睛会自然而然地被闪烁的事物所吸引，要想看向另一个方向，就需要牢牢控制注意力。从表面上看，这似乎与工作记忆的关系不大，但如果注意力是工作记忆的基础，那么通过测试大学生控制视线的能力就可以预测他们在记忆测试中的表现。结果确实如此。那些注意力控制能力或者说注意力较强的学生，其工作记忆能力也较高。

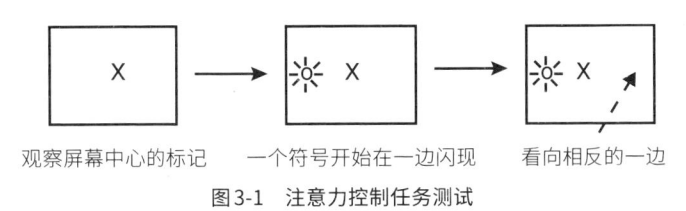

观察屏幕中心的标记　　一个符号开始在一边闪现　　看向相反的一边

图3-1　注意力控制任务测试

为什么会这样？控制注意力和工作记忆之间到底有什么联系？公认的解释是，注意力是防止因分心而消耗工作记忆所需心智资源的必要条件。当对注意力控制能力强的人进行工作记忆测试时，例如倒序记数，他们卓越的注意力控制能力使他们能够始终专注于数字，将所有的记忆容量留给测试材料。因此，他们的测试成绩很好。但是，当注意力控制能力变弱时，例如房间里的噪声或胡思乱想等无关信息进入工作记忆，就会降低其记忆数字的能力。结果就是测试成绩不佳。大量研究都支持这样一种观点，即工作记忆中所能保留的有用信息量取决于保持注意力集中的能力，这样有限的容量才能专门用于记忆相关材料。

为了更好地理解这一点，你可以想象一下自己在星巴克一边喝着拿铁一边看小说的情景。如果其他顾客正在交谈，背景音乐正在播放，你的注意力就会被分散。如果你的注意力瞬间转移到邻桌的谈话上，你听到的谈话片段就会进入你的工作记忆，消耗掉工作记忆的部分有限容量，取代小说中的内容，你就会发现自己需要重读某个句子或段落。因此，充分利用工作记忆本质上是一个需要保持注意力的问题。

为经历和事实创建新的长时记忆也需要"自上而下的注意力"，但它在长时记忆中所起的作用与在工作记忆中所起的作用不同，因为这种注意力只是进入长时记忆系统的代价。其他因素决定了新记忆的牢固程度，包括记忆的重要性、与之相关的情感以及回忆频率。你会关注大部分日常活动——今天吃了什么、昨天穿了什么、离开家时配偶对你说了什么，因此它们最初会被记录在你的长时记忆系统中。但在接下来的日子里，它们会被遗忘，因为它们是孤立的、无足轻重的事情。注意力并不能保证新记忆的持久性，不过如果没有"自上而下的注意力"，新记忆根本就不会存在。

◆ 其他形式的注意力

"自上而下的注意力"并不是注意力的唯一形式——其他注意力

也会影响我们对现实世界的关注。这些对立关系的注意力形式会与"自上而下的注意力"竞争，并破坏它所支持的记忆操作。在我们研究这些"对立者"之前，请记住，如果"自上而下的注意力"是我们引导注意力的唯一方式，那将是灾难性的。要理解这一点，请先回到过去，想象一下当我们的某个史前祖先正在采摘浆果时，一只猛兽已经悄悄地靠近他。除非有奇怪的声音或影子闪现，将他的注意力从浆果转移到威胁上，否则他注定会成为猛兽的午餐。这就是"自下而上的注意力"该发挥作用的时刻。"自下而上的注意力"检测到可疑声响后会立即中断浆果采摘，并将采摘者的注意力重新集中到他所面临的危险上。

这两种形式的注意力共同进化，以满足不同的需要。一方面，注意力必须锁定当下的任务，比如采摘足够的浆果作为食物。但是，倘若发生任何不测，比如出现危险动物，注意力必须立即转移。这是一种微妙的平衡。如果"自上而下的注意力"太容易被打乱，我们的祖先在觅食行动时就会因注意力频繁被分散而效率低下；可是如果"自下而上的注意力"太弱的话，他就有可能成为猛兽的一顿美餐。因此，注意力系统是进化微调的结果，目的是平衡这样的双重需求。

广告商知道，"自下而上"的系统擅长把你从正在做的事情中拉出来。当你正阅读着屏幕上的文章时，那些在空白处的弹窗广告轻松地吸引了你，并成功地将你的注意力转移。在拉斯维加斯大道等地方，这种手段被运用到了极致，在那里，招牌上的文字和图像会闪烁、变色、发出声音，制造出令人无法抗拒的"注意力磁铁"。并不是我们决定要去关注它们，这种关注是自然而然发生的。

正是"自下而上的注意力"的这种侵入性导致了记忆问题。当你在聚会上被介绍给一位客人时，旁边某人的笑声把你的注意力吸引了过去，后来你发现自己记不起那位客人的名字了。意想不到的

"自下而上"的事情可能会干扰"自上而下的注意力",从而破坏新记忆的形成。你在尝试按照食谱做饭时,孩子哭了或者电话响了,被干扰的你可能不得不翻开食谱来恢复记忆。我将在后面的内容中提供处理注意力分散的建议,但首先你需要了解的是最近才被发现的第三种注意力类型。

第三种类型在神经学上有别于其他两种类型,它负责一种完全不同的注意力形式,这种注意力也有可能破坏"自上而下的注意力"所做出的努力。它并不针对外部世界,而是向内聚焦。当你沉浸在思考中,不受周围发生的事情影响时,你就会体验到它。科学家称第三种控制注意力的类型为"默认模式网络"(default-mode network,是指大脑在静息状态下存在的一种功能连接网络。它能够自动连续地从外部环境搜集、加工和存储信息,可能与情景记忆、语义记忆和情绪处理等功能密切相关——译者注),当我们不关注外部世界时,它控制着我们的注意力。当我们做白日梦时,当我们为某些问题焦虑时,当我们计划要做什么时,当我们回忆往事时,它都很活跃。总之,当我们沉浸在自己的内心世界时,它就会活跃起来。图3-2显示了"默认模式网络"作为三种不同的控制注意力的系统之一,是如何占据一席之地的。它在我们的心理活动中扮演着特殊的

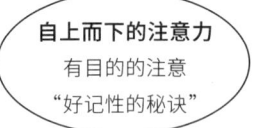

自上而下的注意力
有目的的注意
"好记性的秘诀"

自下而上的注意力
刺激驱动的注意
外部事件引导注意力

默认模式网络
转向内心世界的注意
白日梦、焦虑、沉思

图3-2 注意力的三种形式

角色，当我们的认知机制处于闲置状态时，它就会填补空缺。如果外部世界无法吸引我们的注意力，这个特殊的注意力控制系统就会启动，将我们的注意力转向内部。

有时，"默认模式网络"与有用的目的相关联——比如当我们思考某个问题或为未来制订计划时，但更通常的状态是自由联想，只会产生白日梦或漫无边际的想法。我们都知道一个人"漫不经心"时的超然神态——他的心神已经飘走了，内心世界完全压倒了外部世界。在那一刻，"默认模式网络"正发挥着作用。

对于"自上而下的注意力"来说，"默认模式网络"和"自下而上的注意力"一样会让人分心。你是否曾在阅读杂志文章时发现自己的思绪飘忽不定，以至于不知道最后一句话说了什么。研究人员乔纳森·斯莫伍德（Jonathan Smallwood）把这种注意力缺失称为"走神"（zoning out），大多数读者都有过这样的亲身经历。事实上，是"默认模式网络"占据了主导地位，使有意义的阅读停顿下来。走神甚至会表现在读者的眼球运动上。在一项研究中，研究人员为参加测试的读者安装了眼动跟踪装置，以准确记录他们在阅读过程中每个时刻所关注的是哪些单词。研究人员不时地打断读者，询问他当时是在走神还是全神贯注。当读者说他们一直在专心阅读时，他们在被打断前的眼球运动在整个阅读进程中表现出不均衡的特点：在阅读某些单词时眼球运动加快，而阅读其他单词时眼球运动减慢。这也是正常阅读的一个特点：我们会花更多的时间来阅读不太常见的单词如"ascertain"（确定），而快速阅读"accepted"（公认的）等熟悉的单词。但是，当读者走神时，无论阅读哪个单词，他们的眼球都会以更均匀的速度移动，这就表明他们已经不再从所看到的内容中提取语义，而只是单纯在做阅读这一动作。

走神不仅会影响阅读时对所读内容的具体记忆，还会降低对文章的整体理解。这是因为阅读要求我们将零碎的信息整合成整体的叙述。越走神，我们对作品大意和具体内容的理解就越贫乏。

走神表明注意力可以在"自上而下的注意力"和"默认模式网络"之间转移。这是三种注意力形式会持续竞争的一个例子，它们决定着我们每时每刻意识体验的焦点。在繁忙的环境中，当你努力将注意力集中于与朋友的对话或处理自己面前的工作时，这种竞争是显而易见的。到底是"自上而下的注意力"，还是"自下而上的注意力"或"默认模式网络"在控制？竞争的规则很简单：一次只能有一种注意力占上风，获胜者可以抑制失败者。竞争结果决定了你如何应对你的世界，以及记住什么和忘记什么。

◆ 注意力分散的情况

在建立新的记忆时，"自上而下的注意力"是关键角色。创建记忆的成败往往取决于"自上而下的注意力"是否能够战胜其他两个对手，自始至终防止被分散。正如注意力是好记性的秘诀一样，避免走神也是保持良好注意力的秘诀。不幸的是，有时说起来容易做起来难。以下常见的情形，可以测试你保持注意力的能力。

- **高度熟练的活动**

这就是马盖茨的麻烦所在，也是斯特拉迪瓦里小提琴丢失的原因。每当行动变得无意识时，"自上而下的注意力"就变得可有可无，这就为注意力的游离创造了机会，因为此时"默认模式网络"占据了控制权。一旦出现这种情形，就很有可能导致记忆力下降。

- **多任务并行处理**

在现代社会中，"多任务并行处理"这一常见的工作方式对"自上而下的注意力"提出了特别苛刻的要求。例如，你正在与客户通电话，电脑发出提示音把你的注意力吸引到屏幕上；在不中断谈话的前提下，你试图对电子邮件做出回复，同时还要留意时间，以免错过15分钟后开始的重要会议。如今，要避免工作中的"多任务并行处理"已无实际可行的办法，但是这种处理方式必然会在我们的认知系统中遇到一个根本性的瓶颈——你一次只能"自上而下"地专注于一项任务。当你同时处理电话、回复电子邮件和看时间时，你必须在它们之间做注意力切换。当电子邮件成为关注焦点时，对电话交谈的注意力就必须暂时搁置，直到你完成电邮回复，让注意力重新转回电话。每次切换时，低效和失误都会对你的工作表现和记忆造成影响。你可能会错过电话中的关键细节，在回复电子邮件时忘记思路，或者因忽略时间而导致会议迟到。

在"多任务并行处理"中，注意力切换的最直接后果就是工作记忆被打乱。当你的注意力从电话转移到电脑屏幕上时，由于电子邮件内容成为工作记忆的重点，对电话内容的记忆就会减弱。当你将注意力切换回电话时，必须重新记忆谈话细节，而这正是可能出现问题的地方。研究人员发现，注意力切换后工作记忆的恢复有时并不完整，这就为遗忘埋下了伏笔。所有年龄段的人都会受到影响，老年人尤其容易出现这类工作记忆丢失问题。即使在最佳状态下，"多任务并行处理"的效率也比一次处理一项任务要低得多。

- **焦虑或紧张**

如果一项重要的活动即将来临——演说、考试、求职面试、第一次约会，你可能很担心自己的表现。你因为焦虑或紧张而忐忑不安，但焦虑通常不是最大的问题，接下来的事情才是真正的麻烦。焦虑会加速启动"默认模式网络"，将你的注意力转向内部。想一想为考试而焦虑的学生，当试卷放在他的桌子上时，他的注意力被一连串焦虑的想法占据：

"我觉得我什么都不会——我到底怎么了?"
"如果我这次考试不及格,我的成绩就完蛋了。"
"其他人似乎都没有遇到问题。"
……

当学生为自己的处境焦虑不安时,他的工作记忆便被焦虑的想法所占据,而不是考试本身。他没有将全部认知能力用于考试,反倒将其转移至反思自己的苦恼。如果任由"默认模式网络"占上风,那么他最担心的事情很可能会成为现实。要是遇到这种情况,他可能会认为是自己的记忆力出了问题,但真正的问题是他"自上而下的注意力"偏离了轨道。

● 目标动机薄弱

"自上而下的注意力"需要将精神集中在当下的目标上。当动机强烈、目标明确时,注意力就会变得强大、锐利、毫不费力。我们都经历过这样的情况:当我们全神贯注地做自己的事情时,其他事情都不重要;在这种时候,其他注意力形式根本无法突破,也不会出现走神。但是,当动机不那么强烈时,"自上而下的注意力"不需要太多刺激就能被分散,一个不经意的念头,或房间里的声响,就能轻易地将注意力转移到新的目标上。在目标动机不强的情况下,要保持注意力,就需要有意识地努力去完成任务。例如,老师批改学生作文,或员工与老板在进行无聊的社交谈话,他们都很容易分散自己的注意力,记忆力也随之下降,从而可能导致尴尬的失误。除非能够提高积极性,否则这将是一场与分心做斗争的持久战。

◆ 保持专注的策略

有什么办法可以解决注意力分散的问题吗？虽然保持"自上而下的注意力"没有简单的秘诀，但有一些策略可以发挥辅助作用。

● 当受到干扰影响时，试着自我对话

运动员和教练员都很清楚这一策略。运动员不仅容易受到外界干扰，从而触发"自下而上的注意力"，而且也容易受到担忧、不安和焦虑的影响，从而触发"默认模式网络"。无论哪种情况，他们的"自上而下的注意力"都会受到影响，其表现自然也会受到影响。自我对话——"盯住球"或"专心踢球"或"我能做到"——能让他们保持注意力集中，动力十足。没有什么神奇的公式或口号，只要自我对话是积极的，就能专注于当下的目标。哪怕像"就这么做"这样简单的陈述，或者"我到底要不要这么做"这样的问题，都能让你的注意力回归正轨。事实证明，自我对话还能帮助焦虑的学生在考试时保持注意力集中。它也适用于其他各种情况，比如在谈话时避免胡思乱想，在开车时忽略路边的干扰，在回复电子邮件或撰写报告时克制住上网冲浪的冲动。

● 当注意力下降时，试着激发好奇心

我们都曾在平淡无奇的讲座、枯燥乏味的会议，甚至是乏善可陈的晚宴上努力保持注意力集中，但薄弱的目标动机不足以使得"自上而下的注意力"高度集中。提高注意力的方法之一是刻意激发好奇心——好奇心会激活以目标为导向的大脑结构，从而增强动力。一旦这些区域启动，"自上而下的注意力"就会自然产生。19世纪心理学家鲁本·哈勒克（Reuben Halleck）提出了这样的观点：

当有人说注意力不会牢牢抓住无趣的事物时，我们不要忘记，任何不肤浅、不轻浮的人都能很快从大多数事物中发现有趣的东西。在这一点上，有好奇心的人显示出他们特别的优越性，因为他们通常善于在最无趣的"牡蛎"中发现"珍珠"。当对象从某个角度看显得毫无生趣时，他们就会通过其他视角发现它的新特性。

好奇心除了能激发"自上而下的注意力"外，还有另一个记忆优势。一旦新的材料满足了你的好奇心，你就增加了对记忆对象的了解——这是增强记忆力的一种行之有效的方法。因此，当你问一个刚认识的人，她的名字应拼写成"Vickie"还是"Vicki"或"Vicky"时，你的注意力不仅会集中于她的名字，还会发现一个额外的事实——正确的拼写将有助于记忆。

- **当面对乏味的活动时，试着创造挑战**

提高注意力的另一种方法是使任务更具挑战性——如此具有挑战性，以至于注意力自然会出现，因为这是必要的。心理学家米哈里·契克森米哈伊（Mihaly Csikszentmihalyi）广泛研究了这些问题，他发现当挑战处于适当的水平时，任务不仅会吸引注意力，还会带来有益的体验，产生一种他称之为"心流"（flow）的状态：

> "心流"是一种主观状态，当人们完全沉浸在某件事中，以至于忘记了时间、疲惫以及除了活动本身之外的其他一切……"心流"的关键特征是，在每时每刻的活动中，都有强烈的体验感参与。注意力完全投入到手头的任务中，人的能力发挥到了极致。

契克森米哈伊说，创造"心流"的关键在于制订具有挑战性但可以确保实现的具体目标，并确定即时反馈的来源，以便评估自己的表现。在条件合适的情况下，即使是我们通常不感兴趣的日常活动——包装礼物、熨烫衬衫，也可以成为体验"心流"的候选项目。想想洗衣服的任务：收集衣服，把深色和浅色的衣服分类，把它们放进洗衣机，然后放进烘干机，最后折叠并放好。为了给这一例行家务劳动增加挑战性，你需要更有效率（减少走回头路和重复的动作）、更彻底（不留下一只袜子）和更快（缩短总时间）。反馈来自观察你的行动和计算你凭努力节省下来的时间。恰当的挑战一旦激发出"心流"，保持"自上而下的注意力"就会变得容易，记忆力也会得到改善。

这种方法适用于以记忆为主要目标的情况，如学习小组中的成员姓名或掌握科技文献中的信息。通过设定具体目标和监测表现，你可以创造一种挑战，将无趣的任务变成有趣的游戏，不仅不会太繁重，还能产生更强的记忆。

对于学习记忆艺术的学生来说，集中注意力是一个核心过程，它不仅决定了留在记忆系统里的内容，而且正如我们稍后将看到的，还决定了我们从记忆系统中提取的内容。但是，注意力只是获得强大记忆力的第一步。在下一章中，我们将探讨一些行之有效的技巧，这些技巧以注意力为基础，被用以建立强大而持久的记忆。

◆ 记忆实验室：设计视觉助记法

在本章的"记忆实验室"中，我们将介绍创建视觉助记法的过程。这样做的目的是找到一个可靠的方法来记住你可以采取的三个行动，让注意力回到正轨：自我对话、激发好奇心或创造挑战。

- **为每个行动设计视觉图像**

这是至关重要的一步。每次设计视觉助记法时，你在寻找好的图像以提示每个行动上所花的时间都会得到回报——图像和行动之间的关联越直接效果就越好。我的选择如图3-3所示。不过，请记住，记忆线索是个性化的，因此对我很有效的图像可能对你不起作用。如果其中一个或多个图像不能与行动产生明显的关联，那么就试着想出对你来说更好更合适的图像。

自我对话　　　　激发好奇心　　　　创造挑战

图3-3　注意力保持策略的视觉图像

- **组合图像**

至此，我们对每种保持专注的行动都有了合适的视觉图像。但需要考虑的是，我们可能会忘记其中一幅或多幅图像，这将使记忆助记法对我们毫无用处。如果能以某种方式将这些图像结合在一起，使它们作为一组图像而不是三个孤立的图像来记忆，那么就能改善我们对图像的记忆效果。我已经朝着这个方向迈出了一步。请看我在介绍这三幅图像时将它们并排放置的方式。这样就创造了一种"感知编组"（perceptual grouping），把它们配置在一起，使它们更容易被记住。感知编组是将图片组合在一起的最基本的方法。

在图3-4所示的这幅画中，感知编组的概念被提升到了一个新

图3-4　用感知编组的方法组合图像　　图3-5　将图像整合成有意义的合成图

的层次，一个圆圈作为图像周围的框架，使图像之间的空间关系更加明显，从而产生了更强的约束力。

然而，将这些图像整合成一幅有意义的合成画，将是一种更强大的方式，就像我在图3-5中所做的那样。这幅画展现了一位登山者带着问题登上山顶并自言自语的情景。登山者作为画面的主要焦点，起到了将这些线索整合成一个有凝聚力的画面的作用。

这两个步骤在视觉助记法的创建中很常见：首先，找到记忆信息所需的线索；其次，通过某种方式将这些图像连接起来，以确保它们能够一起被检索到。任何新建立的助记法都应包括最后一个步骤，那就是通过"演练"（rehearsing）来强化记忆——在头脑中将助记法形象化，并用它来回忆这三种行动。关于演练，我将在下一章详细阐述。关于创建视觉图像，还有最后一点要注意：不要让它们变得过于复杂，包含太多元素——这会增加一些线索被遗忘的可能性。我个人的经验法则是，像"登山者"这样的特定图像最多只能有三到四个记忆线索。那么，如果有六种策略而不是三种，我该怎么办呢？我会将助记法分为两个独立的部分，每个部分有三个提示线索。例如，视觉图像可以显示为在登山者后面拴着一只狗（狗绳是为了帮助把狗和登山者绑在一起），而每个图像上都有三条记忆线索。或者，我可以想象在登山者的背包里还有另一个视觉图像，我会想象它的一部分明显突出，以提醒自己在背包里寻找带有其他记忆线索的独立图像。

第 4 章
如何用"龙法则"增强记忆力

来上我记忆课程的学生有时会问我,增强记忆力的最佳方法是什么。很遗憾,并没有一个简单的答案,因为很多事情都取决于具体的情况。但是,有一小部分技巧特别有效,而且适用范围很广。这就是本章所要讲述的经过尝试和验证的记忆策略,我称之为"龙法则",起因是它们藏在一句离合诗里:

浪漫的龙吃蔬菜,更喜欢洋葱。
(Romantic Dragons Eat Vegetables And Prefer Onions.)

在这句话中,每个单词的首字母代表一条记忆法则:记忆动机(Retention intention)、深度处理(Deep processing)、精细加工(Elaboration)、可视化(Visualization)、联想(Association)、练习(Practice)和组织(Organization)。

当然,这句诗有些奇怪,你可能会怀疑自己是否能记住它。请保持耐心,你会发现"龙法则"是如何让你轻松记住这首诗的。只要你记住了这句诗,你就能掌握增强记忆力的7种有效方法。

◆ 记忆动机

当你无法记住一些重要的信息时,比如记不住某个名字,这往往是你自己的错。因为事实上,你从来没有真正努力地去记住它,你只是想当然地认为自己能记住它。但很快,你就会面临这个令人头疼的问题:"她叫什么名字?"

记忆动机为良好的记忆奠定了基础。它是获得记忆的自觉意识，也是坚持记忆的计划。当你在朋友介绍她姐姐之前对自己说"一定要听清楚她的名字，并复述一遍"时，你就已经触发了记忆动机，迈出刻意记忆的第一步。这一步立竿见影。一旦你确立了记忆目标，注意力就会聚焦于你想要记住的东西上。这就是注意力的工作原理——它服务于当下的目标。实现记忆目标的动机越强烈，注意力就越集中，对记忆的益处也就越大：首先将信息保留在工作记忆中，然后辅助长时记忆的形成。因此，如果一周后你再次遇到朋友的姐姐时，你很可能准确无误地想起了她的名字。

记忆动机的一个关键特征是如何在意识中保留信息。它可能只需要简单地练习记忆，也可能涉及本书后面介绍的某种记忆策略。无论计划如何，当你清楚自己打算如何保持信息时，你就更有可能真正执行计划，而这正是增强记忆力的关键。

举个例子，假设你想记住几个问题，以便下次就诊时向医生提问。这种时候，你就需要确定一个记忆动机。你的计划可能是用你想讨论的主题的第一个字母创建一个首字母缩略词，也可能是就诊前在脑海中反复记忆几遍。当然，你确实可以把问题清单录入笔记本电脑或智能手机，然后带着设备去看医生。这样的记忆辅助设备是有效的，但本书的目的是向读者证明，无须借助外部记忆辅助设备，你也可以应对类似的情况。对于记忆艺术实践者来说，日常的记忆需求提供了练习机会，可以利用自己的智慧和记忆原理来达到实用的目的——这是一个需要直面的挑战。记忆动机开启了这一过程。

不过，请记住，你的记忆动机必须是一种坚定的内心承诺，而不是一闪而过的念头。动机强度对记忆效果的影响很大：当你的记忆动机明确而坚定时，获得牢固记忆的可能性就会大大增加。

◆ 深度处理

在一项重要研究中,记忆研究者费格斯·克雷克(Fergus Craik)和恩德尔·图尔文让大学生回答关于计算机屏幕上闪现的单词的问题。学生们被告知,实验目的是测试他们回答问题的速度,不过,真正的目的并没有告诉他们,研究者试图研究不同类型的问题如何影响测试对象对所看到单词的记忆。

研究人员发现,不一样的问题极大地影响着学生记忆单词的效果。图4-1显示了学生在完成单词学习后立即进行突击记忆测试的结果。当问题是关于单词的外观时("它是大写字母吗?"),他们对单词外观的记忆力很差;当问题是关于单词的发音时("它与'重量'一词押韵吗?"),其记忆效果更好一些。但是,能形成最佳记忆的问题是询问单词的含义("它可以用在句子'他在街上遇到……'中吗?")。因此,当学生被要求获取语义并尝试使用它时,记忆质量发生了最显著的提升。

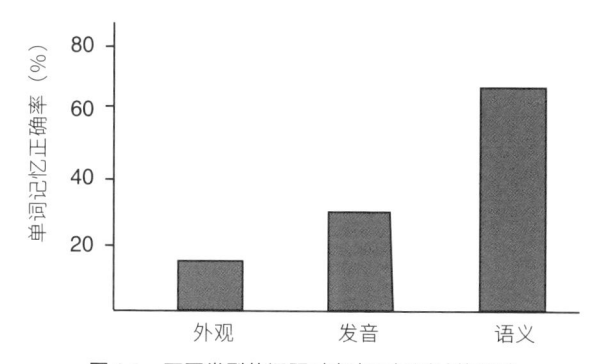

图4-1 不同类型的问题对突击记忆测试的影响

克雷克和图尔文得出的结论是,有关单词语义的问题需要更深层次的思维来进行处理,这种深层次的思维处理能增强记忆效果。

其他问题，则只需要作浅层次的处理，因为那些问题可以用单词的表面特征——外观或发音——来回答，无须考虑单词的实际语义。实验证明，浅层处理留下来的记忆较弱。

深度处理是一项心理活动，它让我们对某个主题有所了解。这里的关键词是"深度"，如深度欣赏、深度理解、深度意义或深度联系。当我们的意识与记忆材料在这些层面上互动时，我们的记忆系统就会产生丰富的资源，一种更牢固、更有可能被保留的记忆。深度处理甚至在脑部扫描中也能得到体现，具体表现为与记忆相关的主要脑区活动的增加。似乎正是这种活动，赋予了深度处理的记忆优势。

我们不断地在深度处理和浅层处理之间切换，对某些经历仔细观察，但对其他经历却视而不见。当亲戚滔滔不绝或熟人喋喋不休时，你的眼睛会瞪得大大的。你希望以后不会再有这样的问题，因为你的理解能力太差，记忆中留下的东西很少。如果反过来呢？当你遇到对你来说重要或有意义的事情时，你就会仔细聆听，深入思考。一位音乐迷看到一条消息，说她最喜欢的乐队发行了一张新CD，她会仔细阅读每一个细节，并将这些信息与她对这个乐队的了解联系起来。当这种情况发生时，她正在创造一种记忆，而这种记忆可能会在她忘记当天其他事情很久之后仍然存在。

在这个例子中，深度处理是自发进行的，因为有关乐队的信息与这位音乐迷产生了共鸣。你也可以有意识地激活深度处理，将其作为一种记忆策略，使用"自上而下的注意力"来思考记忆材料，使其更加深入、更加详细或更加个人化。因此，如果你想在开车上班时记住收音机里听到的健康提示，你可以通过思考它与你的生活有什么关系来加强记忆。

深度处理是基于你可以将新信息与你所知道的其他事物联系起来的假设，这并非金科玉律，有时候很难实现。以离合诗为例，"浪漫的龙吃蔬菜，更喜欢洋葱"，这是一条孤立的，与其他事物没有关联的信息，除非你能建立起一些有意义的联系，否则深度处理将无济于事。下一条记忆法则正是用于这样的目的。

◆ 精细加工

一个有趣的悖论是，当你向现有的记忆中添加新信息时，你实际上可以提高回忆起它的可能性。如果你能很好地选择信息，它就能提供一个安全的锚，使记忆更容易获得。详细地阐述一段新的记忆，更好地将其与你的知识库联系起来，可以扩大它的足迹。让我们回到"更爱洋葱的龙"的身上，看看精细加工是如何发挥作用的——不过想要从中受益的话，你必须容忍几个你可能会发现有问题的"事实"。

在了解龙的火焰气息方面，我们取得了意想不到的研究进展。现在看来，火焰来自从龙的消化系统所提取的植物油的燃烧。这一发现值得注意，因为它解释了蔬菜对龙的强烈吸引力，尤其是在交配季节。能提供充足植物油的蔬菜对龙来说非常重要，因为旺盛的火焰是吸引配偶的必要条件——火焰弱的龙在择偶过程中往往会被淘汰。

新发现还揭示了龙对洋葱不同寻常的偏好。一直以来，人们都知道龙会为了获得野生洋葱而争斗。研究显示，洋葱在龙喷射火焰时扮演着特殊的角色，因为洋葱的植物油中含有微量元素，燃烧时会产生五彩缤纷的效果。人们相信这种火焰对异性的龙有激发性欲的作用。

这些新奇的"知识"被添加到你的记忆库中，并将离合诗与你已经知道的求爱、诱惑和择偶竞争联系起来。突然之间，你就明白了为什么"浪漫的龙吃蔬菜，更喜欢洋葱"。新的信息，将这句诗从奇怪的陈述变成了一篇有意义的，甚至是合理的关于龙浪漫生活的观察报告。现在，这句诗变得更加令人难忘。精细化阐述增加了新的联想，扩展了意义，并允许进行更深层次的处理。

对容易遗忘的材料做精细加工的最佳方法之一，就是问"为什么"，答案越深刻、越细致，效果就越好。它甚至不需要是真实的，就像我对"浪漫的龙"所作的生动阐述那样。事实上，当你练习记忆技巧时，你可以自由发挥想象力；如果幻想式的描述对你有帮助，那就是绝对合适的。生存、性、侵略、背叛、危险或爱情等原始主题都可以提供令人难忘的阐述。因此，当同事在会议上要求你第二天把一份报告转交给他时，你可以编造一个他想要这份报告的荒谬而紧迫的理由，从而提高你记住转交报告这件事的可能性。比如，你可以认为他急需把报告高价卖给竞争对手，目的是满足自己的欲望。玩这种带有恶作剧性质的记忆游戏，会让你有更深的记忆，当你按时交出报告时，你应该为自己的聪明拍手叫好。

◆ 可视化

古人对视觉作为记忆辅助工具的热情得到了现代研究的理论支持。在辅助记忆的能力方面，没有任何感官系统能与视觉相媲美，视觉的能力之强，以至于科学家们很难对其进行测量估算。在一项著名的研究中，英国研究人员莱昂内尔·斯坦丁（Lionel Standing）要求接受测试的年轻人观看10 000张常见场景和情景的快照。两天后，科学家对测试对象进行了识别测试，在测试中，原始图片与他们未见过的新图片混合在一起。测试者选出原始图片的准确率高达83%，这种表现令人瞠目结舌。不过，更古早的时候人们的表现似乎更好。据说，15世纪和16世纪的意大利记忆大师，来自拉文纳的彼得（Peter of Ravenna）和弗朗西斯科·帕尼加罗拉（Francesco Panigarola）分别记忆了10万张以上的图片，用于回忆大量信息。彼得利用图像作为线索，以记忆详细的民法和教会法知识。这些图像被安置在他的"记忆宫殿"中。"记忆宫殿"是根据熟悉的建筑物布局而设计的一种记忆辅助工具。彼得选用的建筑物是大教堂，他把特定的图像与大教堂内部的不同布局关联起来，例如祭坛或洗礼室。当彼得需要找出记忆中的某个事实时，他就会在脑海中"浏览"大教堂，直到找到相关线索。帕尼加罗拉也以类似的方式使用他所创建的视觉图像。（"记忆宫殿"是第14章的主题。）

其实，古人早就有创造有效记忆形象的指南。现存最有名的建议出自一位佚名罗马教师之手，约公元前85年，他在一本名为《修辞学》（*Rhetorica Ad Herennium*）的书中写道：

现在，大自然亲自教导我们应该怎么做。当我们在日常生活中看到琐碎、普通和平庸的事物时，我们一般都不会记住它们，因为就算有些新奇或奇妙的事物都很难激发我们的思绪。但是，如果我们看到或听到一些卑鄙、不光彩、不寻常、伟大、不可思议甚或荒唐的事情，我们很可能会长久地记住它们。

这种助记法得到了一代又一代记忆大师的认可，一个世纪又一个世纪，直到今天。其理念是，如果图像中包含一些怪异、醒目、滑稽、惊人、丑陋、变形或令人作呕的特征组合，就会更加有效。有时，只需要适当的夸张就能产生这些效果。要是你想记住去市场买洋葱、西红柿和芹菜，你可以想象一大堆洋葱，中间伸出一个巨大的西红柿和一根巨大的芹菜茎。夸大记忆对象的大小、数量，都可以快速、简单地提高记忆效果。如果图像具有戏剧性和生动性，则会更有帮助。14世纪传教士兼记忆艺术教师托马斯·布拉德瓦丁（Thomas Bradwardine）曾教他的学生这样记住十二星座：

假设有人必须记住十二星座，那么，如果他愿意，他可以在第一个位置的前面画一只白色的公羊（白羊座），在公羊的右边画一头红色的公牛（金牛座），用后脚去踢公羊。公羊站立着，用右脚踢向公牛肿大的睾丸，导致大量鲜血流出……同样地，在公牛面前可以画一个正在分娩的女人，在她的子宫里，可以看到一对美丽的双胞胎（双子座）正在和一只可怕的红色巨蟹（巨蟹座）玩耍。

这位教师说明了如何将图像交错关联，从而创建出令人难忘的结构，将黄道十二宫的星座按顺序排列起来。现代研究表明，这种引人注目的图像比平淡无奇的图像更容易被记住，尤其是在较长的记忆间隔内。究竟是什么让它们具有记忆优势，研究人员仍在争论不休。是因为它们奇异？与众不同？出人意料？新奇？情绪化？幽默？震撼？不管是什么，学习如何创作出好的记忆图像的最好方法就是不断尝试，找到适合自己的视觉图像。我的建议是要玩得开心，并尝试注入一些特别的元素。古怪的可以，顽皮、可怕、恶心的也不错。因此，当我见到新邻居杰瑞和芭芭拉时，我可能会联想到杰瑞·宋飞（Jerry Seinfeld）抓着愤怒的芭芭拉·史翠珊（Barbra Streisand）屁股的画面。如果我花点心思去创造这个意象，我就会记住它。将来，当我直呼其名时，邻居们会很高兴，但他们永远不需要知道我是如何做到的。一位学生曾对我说，最好的视觉图像是那些你永远不会向你母亲描绘的画面。

● **图像之间的联系**

你注意到布拉德瓦丁是如何让画面的不同部分相互间产生联动

的吗？他特意描绘了公牛与公羊互踢和双胞胎与螃蟹玩耍的场景。因为他知道，无论何时，只要有一个图像是以单独的部分出现的，它就有可能在记忆中支离破碎，无法通过某种联系被检索到。于是通过创建图像之间的联系，他将它们绑定在一起，很好地解决了这个问题。

另一个例子是，假设我想去商店买三样东西——芹菜、洋葱和番茄。受《修辞学》的启发，我想象一个打扮成流浪汉的小丑在玩弄这三样东西。虽然这可能行得通，但很有可能会失败，因为这三样东西是分开的，任何一样都可能在记忆中丢失，让我只记得小丑和一件或两件东西，而不是全部。换个方法，如果我让小丑看起来很怪异，比如用大洋葱做眼睛，把番茄塞进他张开的嘴里，让芹菜从他愚蠢的帽子里长出来，通过创造各个部分之间的互动，每样东西都会紧紧地绑定到主要人物身上。结果就是所有物品形成一个独特的整体，我会完整地回忆起来。

- **色彩与动作**

上述十二星座的图像不仅描绘了戏剧性的互动场景，而且富有色彩和动感。布拉德瓦丁和其他记忆大师都鼓励他们的学生在视觉图像中融入色彩和动作。他们这样做是明智的，因为彩色图像比单色图像对记忆产生作用的效果要高出5%~10%，动作场景也被证明可以提高记忆效果。

我所给出的可视化指南代表了理想状态。但通常情况下，你可能没有足够的时间达到这种复杂程度——记忆机制不允许这样做。不过，即使图像平淡无奇，或者没有色彩和动作，也不是什么灾难。因为视觉系统非常强大，以至于任何具体的图像都能给记忆带来好处。根据我的经验，创造一个有色彩和动作的独特形象的好处是，它只需要较少的练习来强化记忆。一个实用的方法是：创造你所能创造的最好的视觉图像。要是你所创造的图像看起来乏善可陈，容易遗忘，那就通过额外的练习来弥补。

◆ 联　想

记住容易遗忘的事实的制胜策略，是将其与另一个更容易回忆起的记忆联系起来。再想一想小丑和购物清单。小丑是一个鲜明的形象，很容易被记住，也很容易被回忆起来。通过与小丑的联系，购物清单也变得容易记忆。记忆大师在描述他们是如何做到这一点的时候，都会提到"联想"。多米尼克·奥布莱恩（Dominic O'Brien）是一位传奇的记忆力竞赛选手，他将"联想的艺术"列为记忆艺术最重要的组成部分之一。哈里·洛雷恩（Harry Lorayne）是一位令人印象深刻的记忆大师，他通过大量的练习获得了极强的快速联想能力，这种能力使得他在表演现场能轻松记住大量观众的名字。他举例说："你首先注意到的是弗莱明（Fleming）先生的脸，他留着大胡子（mustache）。看到它在燃烧，熊熊燃烧（flaming）。胡子=弗莱明。"约书亚·福尔（Joshua Foer）曾是一名记者，后转行为记忆力竞赛选手，他在2006年美国记忆力锦标赛中夺冠，部分原因是他在1分40秒内记住了一副扑克牌的顺序。他花了1年时间来提升自己快速联想的能力，并将扑克牌变成令人难忘的图像，最终才取得了这一成绩。例如，当接下来的3张牌分别是梅花5、黑桃5和方块6时，他会把它们与名人多姆·德卢伊斯（Dom DeLuise）用空手道踢教皇本笃十六世腹股沟的形象联系起来。他在脑海中把这个形象放入"记忆宫殿"，然后开始编码接下来的3张牌。之后他会回到"记忆宫殿"，检索这个形象并回忆这些牌。

"联想"这一策略，充满了各种可能性。我们在"记忆实验室"中看到的联想都是基于视觉和语言的，它们是记忆艺术的支柱。其他方式也会影响记忆——气味、味道和声音都是强大的线索，但它们不容易被纳入助记法。然而，有一种方式，即情感，具有强大的潜力，可以丰富基于视觉和语言的联想。如果在联想中加入情感，就能增强联想的可记忆性。在一本书或一部电影中，你印象最深的场景是什么？不是随意的对话，而是情绪高涨、感情充沛，愤怒、悲伤或浪漫激情的相遇。《修辞学》推荐的"卑鄙、不光彩、不寻常、伟大、不可思议甚或荒唐的"形象会唤起人们的情感反应。如果我在创作小丑形象时充满想象力，我就会赋予它幽默和奇思妙想，这些特质能给记忆增添更多联想的线索，并有助于将其铭记在心。

事实上，在某些情况下，情感可能会决定目标信息能否被回忆起来。想想约书亚·福尔记忆中多姆·德卢伊斯用空手道踢向教皇本笃十六世腹股沟的画面——这很难说是一幅情感中立的画面，尤其是福尔创造它的方式。后来，当他试图从"记忆宫殿"中检索这幅画面时，他甚至可能会想象自己听到了一声"哎哟！"——与记忆相关的情感——而这可能正是他重建图像和记住扑克牌所需的额外线索。

◆ 练 习

这条原则很简单：通过练习或刷新记忆可以增强记忆力。事实上，你每天都在体验记忆练习的效果。这就是为什么当你看到朋友时，他的名字就会出现在你的脑海中；为什么当你在新闻标题中看到你最喜欢的球队的名字时，有关它的细节就会涌上心头；为什么当你在工作时，你会随时准备好许多与工作有关的事实。你之所以能轻易检索到这些记忆，是因为你已经反复访问过这些记忆，而这一过程正是形成强大记忆的必要环节。这也是理所应当的——你过去经常使用的记忆就是你将来可能需要的记忆。练习使它们变得强大，让它们触手可及。

然而，那些缺乏记忆练习的信息又该怎么办呢？比如你昨天在开放日活动上遇到的那位女士的名字，你在美食网上看到的食谱，轮到你发言时你打算说的要点。倘若你不对这些材料加以记忆练习，你可能就会忘记它们。

练习是"龙法则"中最不吸引人的，但它却是强化各种记忆的有力方法，对于必须长时间记忆的有难度的材料来说，它是不可或缺的。当你学习打桥牌时，如果你想记住你要做的事情，你就必须练习叫牌的过程；当你为一个新账户选择一个密码时，如果你想轻易使用它而无须到处寻找密码，你最好反复练习一下。古代记忆艺术教师、专业记忆大师和记忆研究人员都特别强调练习。虽然其他"龙法则"可以减少所需的练习量，但一般都不可能完全去掉练习环节。因此，即使你确立了良好的记忆动机、对材料做了精细加工、创建了可视化形象、建立了非凡的联想，如果你想把容易忘记的材料变成清晰而持久的记忆，至少也得计划进行一些必要的练习。

虽然记忆练习的想法很简单，但它是否有效取决于你如何练习。早期练习尤为重要，因为你在获得新的材料后很快就会开始遗忘。想想看，有多少次你在听到一个地址或电话号码几分钟后就忘得一干二净。多米尼克·奥布莱恩是八届世界记忆冠军，他建议在最初的几分钟内，在头脑中反复练习一些具有挑战性的材料，比如一个难记的名字或数字。如果你想在几天、几周或更长时间内保持记忆，就需要更多的练习。而且，间隔练习会最有效。事实上，对于长时记忆而言，间隔练习的重要性是心理学中最成熟的原则之一，早在20世纪早期心理学家对此就有过相关研究。

最佳间隔时间因情况而异。记住一个不寻常的名字，比如桑娜·戈尔米纳（Sanna Gormina），与记住下周三19时的餐会，需要不同的练习计划。你需要马上练习记住像桑娜·戈尔米纳这样的名字。如果你想长期记住这个名字，临时记住还远远不够。那么，你应该间隔多久再练习一次呢？就"戈尔米纳"而言，一方面，增加的练习应很快开始。另一方面，晚餐时间更容易记住，也不那么容易被记错，所以可以在下次练习之前间隔更长的时间。

记忆艺术实践者必须从经验中学习如何为记忆练习留出合理间隔的直觉。尽管如此，专业记忆大师还是提供了有用的指导原则。多米尼克·奥布莱恩就推荐了间隔记忆"五法则"（Rule of Five）：1小时后、1天后、1周后、2周后、1个月后再练习记忆。其他记忆大师也提出了类似的间隔建议。尽管奥布莱恩的规则并不是在所有情况下都适用，但我发现如果不拘泥于其字面意思，它还是很有帮助的——它提供了一个易于记忆的具体例子。对于复杂的材料，如既长又难念的名字，需要更短的练习间隔；对于简单的材料，如晚餐会议，则可以用更宽松的时间表来练习。

◆ 组　织

当材料被组织成有意义的结构时，记忆效率就会大大提高。例如，从一张包含8件商品的购物清单上，我观察到3件商品是冷冻食品，2件是农产品，2件来自面包房，1件在乳制品区。一旦我发现了这种组织结构，购物清单就更容易记住了。

组织结构在两个方面有助于记忆，因为它既涉及过程，也涉及产品。创建组织结构需要深度处理，而深度处理能增强记忆。一旦材料被组织起来，原本不明显的关系和特征就会凸显出来，从而便于精细加工并提供联想，并加强记忆。结果可能是戏剧性的。在一项经典研究中，记忆研究者戈登·鲍尔（Gordon Bower）和他的同事要求大学生记住一长串单词，这些单词来自8个不同的类别——矿物、身体部位、动物等。他们给学生们提供了多次学习单词表的机会，并在每次尝试后进行测试。其中一组学生看到了按类别编排的单词表，而另一组学生则看到了随机排列的单词。理解了组织结构的那一组学生仅在学习了1次单词表之后，就比另一组学生在学习4次之后记得还多。古代和中世纪的记忆大师深知条理化的价值，他们有条不紊地对材料作条理化处理。首先，他们把材料划分成小而有意义的几个部分，这一步他们称之为"分割"。其次，他们将这些部分排列成一个有意义的结构，这一步他们称之为"组合"。一位4世纪的记忆研究者写道："什么最有助于记忆？分割和组合：因为有序才能有力地帮助记忆。"

当记忆材料的数量较大或较复杂时，分割和组合过程就会带来明显的好处。分割步骤应简洁明了，易于记忆。如何做到简洁？中世纪的经验法则是，分割好后每个部分都应做到只需要"脑海中的一瞥"。用现代话重述一下，就是将每个部分的大小限制在工作记忆的容量范围内。分割步骤完成后，下一步就是为各部分设计结构。

为"龙法则"建立一个组织结构吧，你觉得怎么样？我们已经有了可以帮助记忆的离合诗，如果我们能为它们创建一个组织结构，我们就又多了一种助记法。由于材料已经被分为7条简明扼要的法则，因此"分割"步骤已经完成。现在需要的是"组合"步骤——将各部分组合成一个组织结构。纵观这些法则，我们会发现有4条是可以重叠的。当我们通过精细加工来添加材料时，我们也会创建新的关联。这两种操作都需要深度处理，组织结构也是如此。我们可以把这4条法则由一个共同的特点组合在一起，即它们都以自己的方式扩展了材料的意义。

接下来，我们需要为整个组织结构确定一个主题。一种可能是，这些法则都是加强记忆的不同策略，这就提出了一个基于记忆策略的组织主题。记忆动机就是制订计划，可视化利用了灵长类动物的感官优势，练习则发挥了简单而有效的强化作用。图4-2的方框显示了"龙法则"的四种记忆策略，其中有一种策略细分为四个部分。这种组织方式不仅能提高记忆力，还能让我们深入了解这些法则的重要性。

> 制订计划
> 　记忆动机
> 扩展意义
> 　深度处理
> 　精细加工
> 　联想
> 　组织
> 感官优势
> 　可视化
> 经典方法
> 　记忆练习

◆ 接下来是什么？

"龙法则"有助于建立牢固的记忆，但有时即使是根深蒂固的记忆也会在你需要的时候消失，比如当你看到一个熟悉的人却想不起她的名字时，或者你想不起曾经和伴侣一起看到过

图4-2　"龙法则"记忆策略

的完美生日礼物。寻找和检索记忆线索是一个独立于创造和强化记忆的过程。在下一章中，我们将了解记忆检索系统是如何工作的，以及当它出现问题时该怎么办。

◆ 记忆实验室：一首离合诗的视觉图像

像"浪漫的龙"这样的离合诗是非常有用的记忆辅助工具。当记忆材料可以用一系列关键词来表示时，它们尤其适用，就像这里的情况一样。但有一个障碍：人们有时很难记住离合诗的开头。一旦你回忆起前一两个单词，剩下的通常就会随之而来。那么，如何确保自己能轻松记住这些关键的开头单词呢？在"记忆实验室"这个环节中，我们将创作一幅视觉图像，帮助你记住这句离合诗。

视觉图像可用来暗示离合诗的第一个单词，就像图4-3所示一样，它描绘了一条浪漫的龙。这幅图画是一个很好的视觉图像，如果能加上色彩和动作，效果还会更好。在此，请你尝试为图中的心

脏和火焰添加这样的元素。这两个特征暗示了"浪漫"和蔬菜的益处，是与离合诗最直接的联系。让我们为它们增添色彩和动感吧：

首先，让你的"心灵之龙"上方的那颗心变成红色。如果你在想象红色时遇到困难，可以在闭上眼睛之前看一下红色的物体，以创建图像。接着，给火焰涂上颜色，然后试着想象能否让火焰随着龙的"呼哧呼哧"声喷射出来，从而增加动感。如果遇到困难，可以用动画来处理——一系列静止图像接连出现，这样就可以获得更自然的动感。一旦你得到了适合你记忆的视觉图像，就可以制订练习计划，增强你的记忆效果。

图4-3 创作视觉图像旨在快速记住关于"浪漫的龙"的离合诗

关于这些增强记忆的方法，我还有最后一个想法。请记住，每个人创建的视觉图像的生动程度各不相同。如果你是一个需要努力创建图像的人，请记住，生动程度对图像记忆效果的影响相对较小，你能创造出哪怕是一抹色彩或一个动作，也就足够了。图像的生动性及创作的简便性，都会随着你的持续练习而提高。

第 5 章
我们是如何回忆的

不久前，我在超市收银台碰到一位邻居。她的马尾辫、健美的身材和明亮的蓝眼睛我都很熟悉，可令我沮丧的是，我想不起她的名字了。我们友好地聊了几分钟，我成功地回避了名字问题。半小时后，我开车回到了家门口，这时我才想起她的名字——当然，她是苏（Sue）。到底出了什么问题呢？苏的名字显然在我的记忆里，因为我后来想起来了。那么，为什么我在超市排队的时候想不起来呢？事实证明，提取记忆绝不是一件万无一失的事情。但正如我们将要看到的，有一些回忆策略可以提高我们的检索能力。

我的困难之一是，我不经常使用苏这个名字；另一方面，我已经好几个月没和她说过话了。因此，我对她名字的记忆一开始就不是很深刻。再则，我上次遇到她的环境与我通常见到她的环境不同。我们中的大多数人都有过这样的经历：当你在电影院看到你的牙医或在球场上看到以前的教授时，你可能需要花点时间才能认出他们。换成我在小区里遇到了苏，那么她的名字就更有可能浮现在我眼前。

检索记忆始于适当的线索——在我的案例中，最理想的检索线索就是看到苏在她家前院的景象。一个有效的线索可以帮助我们从大量的记忆中找到某个特定的记忆。如果某段记忆是最近的，或者是经过充分练习的，那么几乎任何线索都能让它跳出来。如果我很快再见到苏，无论在什么情况下，我都会想起她的名字。但是，当记忆因缺乏使用而变得模糊时，就需要一个强有力的相关线索来获取它。事实上，只要有正确的线索，我们就能找回本以为早已丢失的记忆。得克萨斯农工大学（Texas A & M University）认知心理学家史蒂文·史密斯（Steven Smith）举了一个很好的例子来说明正确线索的价值。他描述了一次陪同父亲游览得克萨斯州奥斯汀市的经历，老史密斯曾在那里上大学：

我父亲一生中除了在奥斯汀得克萨斯大学读过两年书和在第二次世界大战期间当过四年兵之外，大部分时间都生活在密苏里州圣路易斯市。虽然之前他确信自己只能回忆起大学时代的一些模糊片段，但回到奥斯汀后，他对新回忆起的经历的新鲜感和细节越来越感到惊讶。在奥斯汀的街道上漫步时，父亲突然停下脚步，兴致勃勃地描述起他曾住过的那所房子，而房子原址现在已经被停车场占据了。又如，他生动地回忆起某个晚上一只犰狳是如何爬上排水管并成为他的宠物的，以及曾为他家做饭的女佣是如何告诉他们珍珠港遭到袭击，从而使他的大学生涯戛然而止的。回到这些往事发生的地方，父亲才重新想起或谈起这些往事。

这些长期被忽视的记忆深深地埋藏在父亲的记忆系统中，在一般情况下无法触及。但是，当两人访问得克萨斯州时，鲜活的记忆涌入了父亲的意识。当你一眼就从照片中认出你曾就读的小学，或在电话中听到老朋友的声音，或闻到母亲小时候用过的香水的气味时，你就能体会到来自不同感官——视觉、听觉、嗅觉——的记忆线索的力量，每一种都会勾起你鲜活的记忆。我的一位朋友告诉我，只要闻一闻粉笔的味道，她在四年级教室里的画面就历历在目。

即使线索足够强大，可以帮助我们检索到一些信息，但它也不一定能唤起你对某件事情的全部记忆。试着回想我和苏在超市的相遇。起初，她让我觉得隐约有些熟悉，应该是我认识的人。然而那一刻我想不起她是谁，也不知道我是从哪里认识她的。当我们开始交谈后，我得到了更多的线索，很快就认出她是我的邻居。即便如此，这些线索也不足以让我想起她的名字。记忆线索就是这样：有些线索只能勉强唤起熟悉感，而有些线索则能找回丰富而详细的记忆。

◆ 当记忆突然中断时该怎么办

难以捉摸的记忆有时可以通过专门的检索策略来激活。以下三种策略可以用来撬开被卡住的记忆。

● "霰弹枪"策略

记忆检索可以归结为找到正确的线索。如何才能做到这一点呢？记忆力培训师托尼·布赞建议，暂时放下你已经忘记的东西，转而关注你能记起的与之相关的东西。我就是这样想起苏的名字的。开车回家的路上，我把注意力集中于我所知道的关于她的一切——她的房子、她的狗、我对她的看法、她家院子的样子、她丈夫的名字埃里克。就在这时，我想到了。我终于想到了！啊，生活是美好的！

在使用"霰弹枪"策略时，探索任何与之有关的联想都是值得的，不仅是像苏的房子或她的丈夫这样的外部联想，还有像我对她的看法或我最后一次见到她时的心情这样的内部联想。这样做的目的是在你的记忆中不停翻找，直到你偶然发现一条正确的线索，而它可以帮你回忆起被遗忘的东西。当然，这需要一定的运气，但我的经验与布赞的方法不谋而合：对我来说，这种方法经常奏效。

● "重返现场"策略

这种策略比"霰弹枪"策略更加有序，其目的是重新构建或回到记忆产生的背景。史蒂文·史密斯的父亲重访奥斯汀时就是这样做的。通过这种方法，你可以重新拾起许多被卡住的记忆——想起老板在昨天会议上的建议，记起你把车停在了哪里，或者唤起你在走神之前计划要做的事情。比方说，你离开办公桌，想去厨房喝橙汁，突然发现自己盯着冰箱，却不知道在找什么。想象一下自己回到书桌前，脑海中再现离开前正在那里做什么的场景，很可能会唤起你决定去拿一杯冰橙汁的记忆。如果这个尝试失败了，那么请真的回到书桌前，让自己直接体验所有的提示，通常会有不错的效果。

"重返现场"策略作为一种采访罪案目击者以获取详细、准确记忆的方法，已被广泛研究。基于这种策略的问讯程序被称为"认知访谈"（cognitive interview），可以帮助目击者找到检索线索，回忆起有用的信息。事实证明，与传统面谈相比，这种方法能多获得大约35%的信息。

警官首先要与目击者建立融洽的关系，让目击者感觉到自己所提供的信息是重要和有价值的。接下来，问讯者会帮助目击者重新体验犯罪现场，以找到线索在回忆中进行检索。有时需要回到现场，但通常情况下，可以通过让目击者进行想象来重建当时的情境。以下是典型的问讯指令：

试着把自己置身于犯罪发生时的情景中。想想你当时站在哪里，你在想什么，你的感受，房间是什么样子的。

这种访谈是开放式的，目击者通过报告自己能想到的所有事情来穷举信息。问讯者会根据需要提供帮助，鼓励目击者不仅要努力记起犯罪细节，还要想起可能有助于回忆的背景线索。

当你知道记忆缺失发生的时间和地点时，"重返现场"策略就能拯救你。也许是你昨天在商店里想买的东西，或者可能是你想给妹妹买生日礼物时你朋友提出的好建议，也可能是你的车到底停在哪里。当这些记忆无法通过其他努力回想起来时，就该试试"重返现场"策略了，回想记忆产生的时间和地点。倘若你能想象当时的场景和声音，回忆起当时在做什么，甚至是当时的感受，你就可能找到挽救记忆所需的重要线索。

- **"等待并重试"策略**

有时候，在你放弃尝试记住某个名字或事实后，它会突然出现在你的脑海里，就像学生离开考场后突然想起试题的答案一样。与其他策略不同的是，"等待并重试"的做法是彻底休息一下，之后再尝试恢复记忆。记忆研究人员马修·埃德利（Matthew Erdelyi）和杰夫·克莱因巴德（Jeff Kleinbard）做了一项指导性实验，以测试"等待并重试"策略的实用性。他们首先向参与者展示了包含60件物品——手表、鱼、回旋镖和其他随机物品——的图片，每张图片展示5秒钟，然后要求参与者回忆这些图片。平均而言，参与者能记住略多于一半的图片。然后，研究人员让这些人回归正常生活，但要求他们在接下来的6天里每天试着回忆3次图片。图5-1为实验结果。

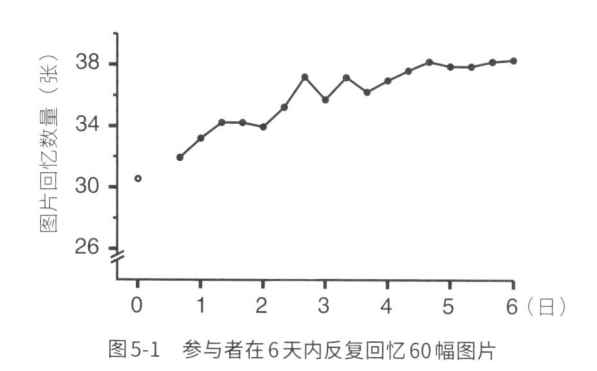

图5-1 参与者在6天内反复回忆60幅图片

在经过反复尝试后，参与者想起了更多的图片，到第6天结束时，参与者平均每次能想起38张图片。事实上，他们所记住的图片甚至比统计结果中显示的还要多，因为他们并不是每次都能想起完全相同的图片。有些时候，他们忘记了上次记住的图片，却能想起以前从未想到过的另一张图片。在这6天之中，参与者平均一次记住了48张图片。心理学家把这种记忆效果称为"超忆症"（hypermnesia，也译作"记忆增强"）。虽然"等待并重试"策略对各种记忆都有效，但对像埃德利和克莱因巴德所做实验中的图像记忆尤其有效。纯粹的语言记忆，如一个名字或一个单词，尽管也有帮助，但作用不大。

这种策略可以从两个方面帮助记忆。一方面，当你运用这一策略时，你最终会花更多的时间去回忆这段记忆，因为每一次尝试都会增加你用于记忆这一特定内容的总时间。这可能会有所帮助——有时你需要多花一些时间来回忆勉强记住的内容。另一个贡献是你在两次检索之间的休息时间。休息时间可以让你在下一次尝试时从全新的视角重新审视记忆。这项研究并没有明确指出在再次尝试之前要等待多久，但我总结出的经验法则是至少等待10分钟。在这段时间里，让自己做一些完全无关的事情。

当然，即使采取了这些策略，也不是所有的记忆都能找回来。有时，记忆本身太模糊；有时，你根本找不到正确的线索。但通常情况下，通过耐心、努力和适当的策略，记忆就会浮现出来。"霰弹枪"策略是一个好的开始，因为有时它很快就能奏效，而且不需要付出太多努力。如果"霰弹枪"策略不成功，而缺失的记忆正好是在特定环境中发生的，那么"重返现场"就是一个很好的后续方法。如果一切都失败了，那就使用"等待并重试"策略。

◆ 重建记忆

当你搜索的记忆是一个事实时，比如我邻居的名字，只要这个名字出现在脑海里，检索工作就宣告完成了。当你回忆的是一段经历时，比如上周的商务会议，记忆就会变得复杂起来。它就像一个由不同部分组成的故事，必须以一种有意义的方式将零部件串联起来。现代记忆研究的一个主要观点是，我们的记忆并不像录影机那样，可以通过回放将事情原原本本地展现出来。人的记忆是比录影和回放复杂得多的过程。为了弄明白这一点，请想象一下，你参加了一个朋友的婚礼，当晚你决定在日记中记录下这场庆典。

你需要做什么？你的情景记忆包含一般信息和具体信息。一般信息称为"要点"，为你提供了故事的主线——婚礼在海边一个度假村举行；婚礼很隆重；婚宴规模不大，但很有趣。"要点"提供了全貌和情感基调，但缺少大量"细节"。你也会记住活动的具体细节——新娘入场时播放的歌曲、白色地毯上散落的紫色玫瑰花瓣、身着蓬松裙子的伴娘、微醺的伴郎、俗气的DJ。当你坐下来写这篇日记时，你会结合要点和细节来记录你对婚礼的印象。

由于婚礼的记忆是如此鲜活，因此检索特定的片段并不难——婚纱上的蕾丝、新娘的父亲如何擦去眼泪、伴郎的笑话。每一个特定的细节都能轻易地引出其他细节，直至形成叙述。但是，这种无系统性的检索，只会产生出一个杂乱无章的故事。为了写好日记，你必须筛选、组织这些片段，并将其编织成连贯的叙述。要做到这一点，你需要利用涉及注意力、工作记忆和执行控制的高级心理过程来获取和组织具体的事实和印象。例如，你想描述伴娘穿的是什么衣服，你就会刻意检索她和她衣服的图像。最后，你回忆起的不是婚礼的回放，而是通过管理检索线索激活的，根据与你的叙述相关的特定细节综合而成的独特创作。

这让我想到了该思维实验最重要的一点：检索记忆的内容取决于其目的。要是你对你的父母描述婚礼，很可能与你的日记版本有所不同。你可能会强调房间的装饰，或将这场婚礼与你姐姐的婚礼作比较，或谈论你父母所认识的人。你与大学室友的对话也会有所不同。实际上，在这些不一样的复述中，你就会体验到不同的记忆。

每一次叙述都会将记忆片段整合成你对婚礼经历的一次独特描述，每一种结构所需的片段数量可能大不相同。如果你的室友问："婚礼怎么样？进行得顺利吗？"你可能会只回忆要点，从而做出简要的判断。你的朋友想知道昔日恋人在婚礼上的表现，你可能会整理出一个更复杂、更详细的故事。

因此，对婚礼的记忆没有唯一的"录像带"。你的整段经历被存储为在活动期间不时创建的记忆细节的集合——交换誓言、招待会上的舞蹈、新娘抛掷手捧花等等。正如记忆研究专家莫里斯·莫斯科维奇（Morris Moscovitch）所说的那样，记忆信息只是"被倾倒进去，并根据其内容元素进行标记，以便在检索时进行分类和组织"。

◆ 记忆的变化

每次回忆时，记忆系统都会发生变化。出现这种情况的部分原因是，回忆这一过程本身以及回忆发生的时间和地点都能被记住。你会记得在日记中写下的关于婚礼的内容，以及你描述的部分重点，比如你所强调的细节以及你所作的观察和判断。将来当你回忆起婚礼时，你就会想起这个日记版本或其中的部分内容，以及写日记本身的其他一些片段。

有趣的是，即使是婚礼的原始记忆，也会因为回忆行为而改变。研究人员认为，记忆在被唤起时会短暂地进入一个可塑阶段，容易受到信息遗漏、丢失或改变的影响。因此，记忆系统远非静态的经历档案，而是动态的、灵活的和可变的。这就意味着，完全准确的记忆永远无法得到保证。在事情发生后的较短时间内，记忆正确的可能性最大，因为此时的细节新鲜且易于检索。随着时间的流逝，细节可能会被遗忘或改写，导致你可能对事情的大概有很完整的印象，但在回忆细节的时候却会出错。

新西兰研究人员梅赛德斯·希恩（Mercedes Sheen）和她的同事为解释这种现象提供了一个相当有趣的例子。他们采访了20对同性双胞胎，要求他们回忆与提示词相关的记忆。以下是一对同卵双胞胎的回答，她们是54岁的女性，共同回忆了与提示词"意外"有关的记忆：

双胞胎1：我记得有一回我的轮滑鞋掉了一个轮子，我摔倒了，弄伤了我的手肘和膝盖。

双胞胎2：等一下，你说的是我们8岁或9岁生日时得到的轮滑鞋吗？

双胞胎1：是的。那又怎样？

双胞胎2：嗯，如果你不介意的话，这事是发生在我身上的。

双胞胎1：什么意思？就是我！我和你一起玩轮滑，还有……

双胞胎2：对，还有玛丽。我们是在旧网球场里玩的。

双胞胎1：是的，但摔倒的是我，不是你。我记得球场很不平整，上面还长满了草。

双胞胎2：如果你认真回想，就会发现摔跤的人是我。

双胞胎1：我记得很清楚，你回家去找妈妈了。

双胞胎2：不，是你踩着轮滑鞋回家找妈妈。因为我受伤了，一点儿都动弹不得。

双胞胎1：哦，好吧。我猜我们搞混了，因为那已经是很久以前的事了。

在希恩所测试的双胞胎中，大多数至少在一段记忆上存在分歧。以下是其他例子：两人都认为自己才是被钉子扎到脚的那个倒霉蛋；两人都认为自己才是那个从拖拉机上摔下来扭伤手腕的背运者；两人都认为自己才是国际越野赛中的第12名；两人都认为对方曾经抓过狗的睾丸。

请注意，前面提到的这对54岁的双胞胎对事情的梗概达成了一致，但对细节存在争议。这是最常见的记忆出错的形式。出错的部分原因在于遗忘过程本身的性质——细节比要点遗忘得更快，这就使你对所发生的事情只有大概的印象，却没有关于具体细节的详细信息。

当细节记得不明不白时，记忆重建会动用我们所有的心智资源，包括一般信息、情感偏差和推理能力，我们会试图打造出与我们心目中发生过的事情相吻合的回忆。如果几年后你再次回忆那场婚礼，你可能会想象出一个小女孩走在新娘前面，尽管仪式上并没有花童，只因为正式婚礼通常都是这样展开的。这并不是说你会刻意添加这个细节，而是因为花童出现在婚礼上似乎非常合理，所以你会觉得这是真的。态度和观点会影响记忆重建，比如，有一个你一直不喜欢的婚礼来宾，在你的记忆中，他在婚礼上的行为可能比他的实际表现更粗野；我们甚至会把两个不同事情的信息混在一起——例如把一场婚礼的细节融入另一场婚礼的记忆中。

当我们相信了一段根本没有发生过的记忆，一段完全虚假的记忆时，就会产生颇具戏剧性的记忆扭曲。加州大学尔湾分校（University of California，Irvine）的记忆科学家伊丽莎白·洛夫特斯（Elizabeth Loftus）是这一研究领域的先驱。她向人们展示了如何将完全虚构的记忆植入一个人的大脑。洛夫特斯在研究开始时告诉参与者——都是大学生，她正试图找出人们所能够记住的童年记忆。学生们允许洛夫特斯和她的团队采访其近亲，以确定发生在他们身上的童年往事，学生们随后将尝试回忆这些往事。每个学生都得知了四件事，但他们不知道的是，其中一件完全是编造的。这是一个关于在商场里迷路的故事，亲戚们都证实从未发生过。这个假故事编得具体而详细。当事人5岁时，曾在某个商场走失，后来被一位老妇人找到，最终与家人团聚。学员们阅读了关于四件事情的叙述，然后尽量回忆起每件事情。大多数学生都准确地回忆起了真实的往事，不过有25%的学生"回忆"起了那件子虚乌有的事情，有的甚至还非常详细。其他研究人员通过诱导参与者"回忆"一些虚假事情来重复这种测试，如在婚宴上新娘父母的酒杯被打翻，在杂货店的自动喷水灭火系统启动时不得不撤离，被恶犬袭击等。易受这些虚假记忆影响的参与者比例与洛夫特斯的发现非常接近。

在这些研究中，当人们被告知事情的大意并努力回忆细节时，就可能会产生虚假记忆。最终，他们从常识和其他记忆中构建出足够可信的细节，使他们觉得那些情景是真实的。事实上，在研究结束后听取报告时，一些参与者甚至很难接受这些事情并未真正发生过。

记忆失真和虚假记忆凸显了记忆过程是多么活跃。在回忆过去的事情时，我们不会"回放录影带"。相反，我们会利用已存储的知识碎片来构建适当的记忆。偶尔的错误是这种操作模式的自然结果。

既然记忆有可能失真和出错，那么有什么办法可以判断记忆是否准确呢？简而言之，如果没有外部验证，就无法确定。我们通常会根据记忆的主观置信度——在我们回忆时，记忆看起来有多真实和完整——来判断记忆是否准确。但不幸的是，事实证明，记忆的主观置信度只能有限地分析记忆的准确性。例如，对错误记忆自信满满的双胞胎，以及坚信虚假往事的大学生。值得注意的是，有一则报道称，在200多起案件中，那些被目击证人自信但错误地指认出来的重罪罪犯，后来通过DNA证据而被证明是清白的。这并不是说我们应该无视自信，而是说我们应该意识到自信可能会欺骗自己。

记忆准确性的另一项指标是其包含的细节数量。研究表明，如果回忆来得容易且细节丰富，尤其是通过视觉、听觉或嗅觉等感官获得细节信息，那么记忆准确的可能性就很大。如果记忆模糊不清，或者经过努力才慢慢恢复,那么失真的可能性就会增加。但请记住:没有完全可靠的方法可以从记忆本身来判断记忆的正确性。对我们每个人来说,所得到的启示就是:要对记忆的绝对准确性保持谨慎的态度,并坦然面对错误悄悄出现的可能性。

◆ 接下来是什么?

截至本章,我们完成了对记忆系统的概述,现在可以很好地研究记忆艺术的应用了。下一章通过研究两种截然不同的记忆改善方法,让我们有一个良好的开端。

◆ 记忆实验室:评估和改进视觉图像

并非所有的视觉图像都是一样的——有些视觉图像比其他的更有效。在本章的"记忆实验室"中,我们将仔细研究不同的视觉图像,其目的是帮助你记住本章中所讨论的三种回忆策略。该视觉图像适用于你在努力回想一段记忆,而这段记忆浮现在脑海中却有着各种不同的版本时。在此,我们将评估所提议的视觉图像的效果,并对其加以改进。

图5-2包含三个视觉图像,分别对应"霰弹枪""重返现场"和"等待并重试"这三种回忆策略。"霰弹枪"是第一种策略的视觉图像;我选择"警察"来提示第二种策略,是因为警察形象和"重返现场"之间存在联系;"时钟"用来提示第三种策略。让我们来看看这种助记法是否具备良好视觉

图5-2 三种回忆策略的视觉图像

记忆辅助工具的三个特征。

- **线索是否有效？**

能提供有效线索是任何一种视觉图像的底线。因为你完全有可能记住了视觉图像，却记不住它所代表的是什么。对我来说，霰弹枪、警察和时钟都是有效的视觉图像，而你必须自己判断它们是否对你有效。如果助记法中的某个视觉图像被证明是低效的，这并不一定是致命的缺陷，只要你采取措施加以强化就可以了。每一条"龙法则"，如练习、深度处理、联想或精细加工等，都可以用来提高视觉图像的有效性。当然，另一种方法是寻找更有效的视觉图像。

- **联系是否有意义？**

正如我们在前文中所述，回忆策略的视觉图像有三个组成部分——霰弹枪、警察、时钟，当你回忆图像时，其中一个或多个组成部分可能会丢失。这样一来，图像就会变得支离破碎，各个部分也会陆续脱落。补救的办法是通过在各部分之间建立有意义的关系，将它们相互联系起来，例如，通过警察一只手握住霰弹枪另一只手指向时钟来实现这一点。但这里可能存在一个问题，时钟和警察之间的联系并没有什么意义，因为警察似乎没有任何理由指向时钟。这个奇怪的手势可能会被遗忘，一旦遗忘，时钟也可能会在你的记忆中消失。

- **形象是否令人难忘？**

如果你在需要的时候想不起来，那么视觉图像就毫无用处。如果你发现自己忘记了某个专门用来帮助你记忆其他东西的视觉图像，那是很烦人的。在这一点上，我的"警察"助记法的得分也是参差不齐的。事实上，它很平淡，这使它有可能被遗忘。在这种情况下，需要按照前面所讲的间隔记忆的"五法则"进行记忆练习,这样才能记得牢。提高记忆力的方法之一是为视觉图像增加一些动作。图5-3是视觉图像的另一种设计。在这个版本中,警察已经受够了他那不可靠的时钟,正用霰弹枪轰击它。新的视觉图像在动作的基础上还增加了一些暴力元素,这对记忆绝对是只有好处的。还有一个额外的好处是,现在视觉图像的三个部分比以前的版本结合得更紧密,从而减小了遗忘的可能性。虽然仍需要进行记忆练习,但所需的练习量很可能会减少。

对于任何新的视觉图像,都应该用冷静的眼光做快速检查,评估它在将来被使用时是否有效。很多时候,就像本例一样,你可以采取一些切实可行的方法来改进它。

图5-3 改进后的三种回忆策略的视觉图像

第二部分

记忆应用

How Memory Works

第 6 章
增强记忆力的路径

公元前1世纪，伟大的法学家和政治家西塞罗对记忆力有着持久的兴趣。在没有提词器的时代，他发表了优雅而引人入胜的演说，没有借助任何辅助工具。他写道："记忆力是演说艺术的基础。"

在西塞罗的那个时代，记忆艺术受到关注和推崇。对他和他同时代人来说，记忆力有两种形式，它们之间的区别是本章的核心。一种被称为"自然记忆"（natural memory）。当你说"爱丽丝的记性很好"时，指的就是这种记忆力。另一种形式指的是用来增强记忆的助记法。它的名字叫"人工记忆"，不仅意味着它是"自然记忆"的替代品，还带有"艺术性"的含义，是一种需要想象力和创造力的活动，而想象力和创造力正是记忆艺术的重要组成部分，我们在"记忆实验室"中就看到过这样的例子。

西塞罗在两种形式的记忆力上都表现出色。那么，对于我们这些希望增强记忆力的普通人又该怎么做呢？上述区别为我们指明了两条可能的路径：我们可以通过加强工作记忆和其他记忆系统的基础硬件来增强我们的"自然记忆"；或者，我们可以坦然接受我们所拥有的"自然记忆"水平，转而关注在要求更高的情境下的记忆策略。本章将分别探讨这两条途径。

◆ 第一条路径：增强"自然记忆"

增强"自然记忆"的一个直观方法就是做与增强肌肉力量相同的事情——锻炼。关于这一想法的历史可谓一波三折。一些早期的罗马人认为，死记硬背有助于增强整个记忆系统的机能。公元1世纪，受人尊敬的教育家和演说家昆体良（Quintilian）就是这一观点的支持者：

如果有人问我记忆艺术的伟大之处在于什么，我的回答是"练习和努力"。最重要的是，尽可能每天都背诵大量的知识，并在不动笔的情况下思考大量的问题。值得一提的是，任何其他能力都不会因为勤加练习而得以发展，也不会因为忽视练习而受损。因此，不仅儿童应该尽可能多地背诵，任何年龄段的学生都应该自愿承担那些起初令人厌倦的工作，即一遍又一遍地重复他们写过或读过的东西（以逐字记忆的方式保留在记忆中）。

昆体良认为，"练习和努力"不仅有益于死记硬背，也有益于各种记忆。就像训练肌肉一样，锻炼出来的力量可以用于任何目的。这种观点一直延续到19世纪。威廉·詹姆斯（William James）在19世纪80年代对自己做了一项实验，他是第一个将这一方法付诸实践的人。首先，他通过8天的学习，记住了一首法国诗歌的前158行，记住每行诗所需的时间为50秒。接下来，他又逐字学习了17世纪英国史诗《失乐园》的第一部分，以此来训练自己的记忆力。这可不是一件小事——他花了38天，每天坚持20分钟，才将800行诗句牢记于心。然后，他又回到法语诗的练习中，想看看自己是否能通过《失乐园》的训练成果，更快地记住后面的150行。结果证明他不能。事实上，他花费的总时间更长了，每行需要57秒。詹姆斯的惊人努力未能佐证"死记硬背可以普遍提高记忆力"的观点。

20世纪初，心理学家们又设计了更复杂的研究。有趣的是：他们发现，只有当用于测试记忆的材料与用于记忆练习的材料相似时，记忆力才会有所增强。当测试材料和训练材料完全不同时，训练就没有任何帮助。这恰恰就是威廉·詹姆斯的遭遇。他用来测试记忆力的流畅而押韵的法文诗歌，与他在训练中使用的呆板而无韵律的英文诗歌完全不同。早期研究的领军人物爱德华·桑代克（Edward Thorndike）得出结论：练习背诵莎士比亚十四行诗的学生有望在学习十四行诗方面取得进步，但他们在学习人名、日期、数字或《圣经》等经文方面的进步则微乎其微。背诵训练的局限性显而易见。它能让人们掌握某些适用于特定材料的记忆策略，对整体记忆能力则没有任何影响。

在20世纪的大部分时间里，这种关于基本记忆的观点一直占主导地位。古人所谓的"自然记忆"和我所说的"核心记忆"（core memory）似乎对特定个体来说是固定不变的。没有令人信服的证据表明核心记忆功能本身可以得到加强。在过去100年的大部分时间里，记忆训练的目的都是掌握记忆策略，而不是增强核心记忆。

然后，在20世纪即将结束之际，三种新方法突然出现，重新激活了这个似乎早已尘埃落定的议题。

- **计算机训练**

个人电脑和电子游戏的普及为新型智力训练提供了可能。科学家们问，如果专门设计一款游戏来提高工作记忆等有用的认知能力，可能会发生什么？如果一种训练项目确实能提高工作记忆能力，并改善其核心过程，那么它的益处将是巨大的，因为工作记忆系统与其他重要的认知能力（从阅读理解到"流体智力"和推理）都有关联。

2005年，瑞典研究员托克尔·克林伯格（Torkel Klingberg）和他的同事们发布了一款针对注意缺陷多动障碍（ADHD）患儿的记忆训练游戏，并做了一次颇具影响力的测试。众所周知，工作记忆缺陷在ADHD中起着重要作用。因此，一种成功的可改善工作记忆的技术不仅对这一人群有用，而且对有阅读障碍、数学障碍和语言障碍的儿童都会带来真正的教育益处，因为所有这些ADHD患儿都有工作记忆方面的缺陷。

训练包括25节课，每次训练持续约40分钟，包括90个基于视觉图像、数字或字母的记忆练习。例如，当屏幕上出现一个4×4的网格时，视觉记忆训练就开始了。接着，16个网格中有1个变成红色，持续约1秒钟。然后，红色网格移动到另一个新位置，再持续1秒钟，如此反复，转换好几个位置。最终，受训者会看到完全空白的4×4网格，并被要求以相同或相反的顺序点击红色网格曾经出现过的位置。

克林伯格和他的同事们交替使用强调视觉记忆的练习、口头记忆数字或字母的练习。在每种情况下，孩子们都需要仔细关注记忆材料，并努力将其记住。奖励积分和其他鼓励措施作为反馈手段，使测试具有类似玩游戏的体验感。该训练项目的一个关键部分是克林伯格所使用的计算机程序改变了游戏的方式，既能保持游戏的挑战性，又能确保游戏并非不可能完成——随着孩子们的进步，对记忆的要求也在逐级提高。对照组儿童玩的是同样的游戏，只是游戏难度固定在最简单的水平，而不是像实验组那样逐步增加难度。

训练结束后，研究人员使用不同于孩子们练习时的任务对他们的工作记忆进行测试。研究人员发现，参加高难度游戏的实验组儿童的工作记忆有了明显改善，而参加简单游戏的对照组儿童则没有。其他测试注意力和"流体智力"水平的测试也显示出类似的对比结果。孩子们的家长（而不是老师）报告说，孩子的ADHD症状减轻了。6个月后的跟踪测试发现，实验组孩子们的进步依然显著。

克林伯格的研究展示了计算机训练针对关键认知能力——工作记忆——的潜在影响。通过将记忆需求推向极限的强化训练，研究人员似乎成功地改善了核心记忆的水平，从而为昆体良的基本假设注入了新的活力。这是一个令人惊讶、令人兴奋的发现。它表明，如果训练计划能够恰当地针对核心记忆发挥作用，那么核心记忆就可以得到加强。

然而，多年来很少有类似的研究能取得如此积极的结果。在最近对数十项计算机训练的调查中，结果可谓五花八门。虽然受训者几乎总能在针对工作记忆任务的练习中取得进步，可这种训练带来的进步并不能持续转移到其他工作记忆的情境中。在后续测试中还出现了其他问题，大多数研究发现，收益是短暂的。当研究人员把研究迁移到注意力和推理能力等一般认知能力的训练时，成功的案例也不多见。研究界从积极而富有热情转向了更加谨慎的观望，在某些情况下甚至持彻底怀疑的态度。

现在就对计算机训练的潜力下定论还为时尚早。在一个新的研究领域里，研究结果往往是混乱的，因为科学家们需要努力研究各种结果并试图让它们变得有序和富有逻辑。对于如何进行训练、需要多少训练量以及如何衡量训练效果，目前还没有达成共识。对训练方法、训练成果进行全面分析还需要时间。当然，对于工作记忆有缺陷的特定人群——学习成绩不佳的儿童、老年人和脑损伤患者——来说，训练的潜在好处则是巨大的。总体上讲，事实胜于雄辩，计算机训练能否实现我们所期望的效果，还需拭目以待。

与此同时，商业公司开始向公众提供训练项目，公众对这些项目趋之若鹜。2009年，健脑软件市场大约为2.65亿美元，2015年将达到10亿美元。任天堂的《脑锻炼》（*Brain Age*）是第一款大卖的软件，随后，MindSparke、LearningRx、Posit Science、Lumosity、Jungle Memory和Cogmed等公司也推出了一系列软件产品。这些软件真的是鱼龙混杂，有些是由经过认证的专业人士设计的，有些则是无相关资质的爱好者的作品；有些是独立的电脑程序，有些则需要在训练师指导下使用；有些被用于研究，有些是纯粹的商品；有的软件成本很低，有的软件则需要花费数千美元购买。

这是一个庞大的、竞争激烈的、热情洋溢的市场，在这个回报丰厚的市场上，推销者愿意向顾客保证，使用他们的产品可以增强记忆力。《记忆丛林》（*Jungle Memory*）的销售员不遗余力地宣称："工作记忆能力对学业成绩至关重要，而《记忆丛林》正是针对工作记忆而设计的。这款软件可以提高阅读、写作和逻辑处理能力。它还能训练学生集中注意力，更快地处理信息和学习具有挑战性的概念。" MindSparke 公司的宣传也毫不逊色："*Brain Fitness Pro* 和 *Brain Fitness Pro SE* 通过集中训练脑力，能显著提高记忆力，恢复大脑健康，并能降低患阿尔茨海默病和痴呆症的风险。你将在不到 3 周的时间内拥有更好的记忆力，而且记忆力训练的好处将无限期地持续下去。"

这些都是缺乏可靠依据的大胆的宣传语。对于许多产品来说，我怀疑，真相更接近于英国广播公司（BBC）的热门电视节目《理论大爆炸》（*Bang Goes the Theory*）所做的一项大规模研究的结果。1万多名观众自愿被随机分配到三组所谓"脑力训练"（brain training）的队伍中。有两组仿照的是流行的脑力训练计划，其中一组侧重于推理和解决问题的能力，另一组则侧重于注意力、记忆力和快速反应能力。第三组是对照组，他们在互联网上搜索"亨利八世死于哪一年"等琐碎问题的答案。在训练开始前，实验组接受了记忆和推理能力测试，持续 6 周的训练结束后，他们再次接受了测试。这一结果发表在英国著名的《自然》（*Nature*）杂志上，早期研究记忆训练的心理学家们对此并不会感到惊讶。实验组在有针对性练习的能力方面有了明显的提高，但没有证据表明某个组在更广泛的记忆和推理能力方面获得了有说服力的提高。称计算机程序为"脑力训练"并不能自圆其说，正如昆体良所说，"买者自负"。

- **正念冥想和核心记忆**

20世纪90年代,当临床心理学家开始将古老的佛教冥想练习——正念训练——纳入压力和情绪问题的治疗中时,一种新颖的心理训练方法出现了。

正念冥想致力于完全掌控注意力。它被描述为"通过有目的的关注以及无偏见的体验当下而产生的意识"。正念的要点是:在每一秒发生时完全体验它,并长期保持这种意识。正如一位冥想专家所说,正念很简单,但并不容易。注意力会从当下转移到其他想法和问题上,一旦出现这种情况,注意力瞬间就会在不知不觉中溜走。冥想者要学会发现这种偏移,以不作评判的方式接受它们,然后再轻轻地将注意力放回当下。这是一个要求很高的自上而下的过程。

20世纪70年代,没有神秘色彩的世俗版正念冥想在北美开始普及。大约在同一时期,马萨诸塞大学(University of Massachusetts)的医学教授乔恩·卡巴特-津恩(Jon Kabat-Zinn)为因病症而承受压力的患者制订了一项为期8周的正念训练计划,并被广泛采用。训练包括三项活动:以呼吸为重点的坐姿冥想、以注意力为重点的身体扫描冥想以及以伸展为基础的瑜伽练习。在冥想过程中,训练师指导病人保持警觉、感受当下并控制自己的注意力,所有这一切都要以温和、不作评判的方式进行。研究表明,这种训练对患者有所帮助。这一成功促使心理治疗师将正念训练纳入抑郁症和其他疾病的治疗中,并取得了可喜的成果。这种训练也使没有心理问题的健康人受益,他们的人际关系得到改善,负面情绪减少。

随着正念训练逐渐为心理学家所熟知,认知研究人员开始思考它对核心记忆过程的影响。当冥想者密切关注呼吸过程时,他们会调用基于"自上而下的注意力"和执行控制的高级心理操作,这些过程对于工作记忆、"有意注意"(voluntary attention,又译作"随意注意")和推理至关重要。正念冥想能否改善核心记忆过程？研究人员一直在尝试回答这个问题，目前的结果是积极的。例如，哥本哈根大学的克里斯蒂安·詹森（Christian Jensen）和他的合作者采用卡巴特-津恩的方法教一组学生正念冥想，并将其效果与其他接受放松训练或未接受任何治疗的小组进行比较。在训练前后，所有小组都进行了一系列实验室测试，以评估注意力水平、工作记忆能力和感知灵敏度。结论是，只有正念组在注意力和工作记忆方面有可靠的改善。他们还能在更短的时间内阅读快速闪现的字母，这表明他们的感知速度加快了。

其他研究也报告了类似的益处，尤其是在注意力方面。总体而言，有令人信服的证据支持这样一种观点：即使在注意力受到干扰的情况下，正念冥想者也能比其他人更好地专注于一项任务，并能在更长的时间内保持注意力集中。这些益处不仅表现在更优秀的考试成绩上，还表现在与注意力相关的大脑区域的神经系统变化上，尤其是那些参与"自上而下的注意力"和抵制分心的大脑区域，这些区域的范围和相互联系的强度都会因正念冥想而增加。

记忆力似乎也能从正念训练中获益。现有的研究成果与詹森的发现基本一致，即工作记忆通过正念训练得到了加强。事实上，鉴于工作记忆与注意力的密切联系，如果情况不是这样，那才是令人惊讶的。长时记忆似乎也有所增强。研究人员亚历山大·黑伦（Alexandre Heeren）和他的合作者研究了正念训练对长时记忆能力的影响。在一项测试中，他们要求人们回忆生活中与"幸运"或"有罪"等不同提示词相关的具体经历。经过正念训练的测试对象，他们的记忆更加具体和详细。这一发现表明，训练能够让人更好地专注于记忆，从而能够更深入地保持这些记忆。

归根结底，正念训练似乎有望成为改善包括记忆在内的核心心理过程的一种方法。但目前的研究结果是否经得起更严格的审查，现在下结论还为时过早。此外，这些实验室成果能否转化为对现实世界有益的具体方法，仍是一个悬而未决的问题。

● **体育锻炼和核心记忆**

人人都知道运动对身体有益，最近的研究发现，运动对心理过程也有好处。对老年人的研究显示，运动与降低智力衰退率正相关，得到的证据尤其令人信服。在一个大型项目中，研究人员随机招募65岁以上的加拿大人并进行为期多年的跟踪研究。首先，研究人员评估了他们的认知能力和体育锻炼水平。5年后，研究人员找到了最初测试结果在认知正常范围内的4 615名受访者，并再次对他们进行测试，以观察他们是否出现记忆、思维和判断能力下降的情况。结果发现，不爱运动的老人，其智力衰退的可能性是爱运动者的整整两倍。

加拿大的这项研究提出了一个问题：久坐不动的老年人是否可以通过定期锻炼来改善他们的认知能力？事实确实如此。亚瑟·克莱默（Arthur Kramer）和他的同事将124名年龄在60岁至75岁之间的久坐老人分成两组。其中一组每周步行3次，每次40分钟，持续6个月，旨在增强有氧体能。另一组则用同样的时间做伸展和塑身运动。最后对这些老年人作评估，结果是步行组在注意力测试和记忆力测试中均有改善。

这些结论已被其他研究所证实。综合来看，运动可以提高以前久坐不动的老年人的注意力、记忆力和处理速度，这一结论得到了强有力的支持。但是，并非任何形式的运动都能提高这些能力。成功的计划是要么采用有氧运动训练，要么采用力量训练，或者两者兼而有之。有氧运动训练的最佳选择是每周数次、每次30至60分钟的快走；力量训练通常使用自由重量器材或机械式器材。有证据表明，有氧运动训练和力量训练相结合尤其有益。似乎不起作用的是低能量和缓慢的运动，如伸展运动。

运动对其他年龄段的人有什么益处？对于青春期前的儿童来说，运动对他们的认知能力最有益处。在耐力和力量测试中，有氧运动能力表现强的儿童，在需要注意力、计划能力和抗干扰能力参与的学习中，他们的学习表现和考试成绩都较好，这些能力都是处理复杂任务的高级心理过程所需的。神经逻辑研究表明，身体健康的儿童脑容量更大，对信息处理（包括记忆）很重要的大脑结构也更活跃。有几项研究调查了让久坐不动的儿童定期锻炼的益处，结果表明他们的注意力、记忆力和有意识的控制力都有小幅改善。运动对青春期至中年晚期人群认知能力的影响很少被研究，人们对此也知之甚少。不过，有迹象表明两者之间存在积极的关系。一项研究表明，以前久坐不动、年龄在21岁至45岁之间的成年人进行了为期12周的有氧运动后，改善了他们对冗长单词表的记忆力。大脑扫描显示，对长时记忆很重要的大脑区域在训练期间得到了加强。

如果你决定定期锻炼以提高认知能力，那么你应该做哪些运动，做多久？目前还没有准确的答案，但合理的做法是遵循专业的指导原则。对于健康的成年人，建议每周进行150分钟中等强度的有氧运动，相当于快走。这与研究中所使用的各种运动训练方案大致相同，算下来平均每天约20分钟，不过这150分钟可以以任何方式分配。力量训练也是有益的，至少对老年人而言是这样。同样的指导原则建议每周进行两次主要肌肉群的力量训练，如举重、健身操或瑜伽。

- **强化"自然记忆"**

那么，该如何看待改善"自然记忆"的前景呢？首先，改善似乎是可能的——这与20世纪研究人员的普遍观点不同，他们大多将"自然记忆"视为固定不变的。因此，如果你想提高自己的核心记忆能力，那么完全有理由尝试这些方法中的一种。在我自己的生活中，我努力坚持定期锻炼和冥想，因为这可能会给我带来很多益处。

如果你采取并执行了这些强化方案，你期望记忆力提高多少呢？要回答这个问题，我们首先需要了解用于衡量记忆力提高程度的测试。图6-1所示的著名的"钟形曲线"（bell curve，即正态分布曲线）是人们在记忆力测试中得分的标准化表示。大多数人的得分在中间范围，较少的人得分很高或很低。标有"第50百分位数"的点表示达到这个分数的人是最多的，离这个分数越远，不论是特别高还是特别低，对应的人数都会急剧减少。

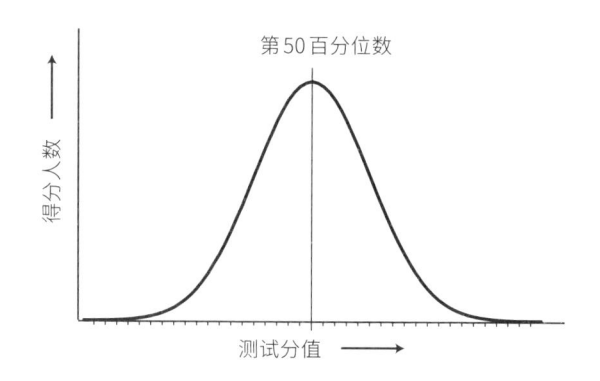

图6-1 记忆力测试得分分布图

现在，假设你在工作记忆测试中的初始分数正好是第50百分位数，而你较好地完成了一个计算机训练项目。那么，你会在钟形曲线上移动到什么位置？下一条曲线显示在图6-2中，它是基于现有研究中发现的平均收益，并显示你的得分有望上升到第74百分位数，也就是标有 a 的那一点。毫无疑问这是显著的进步，你在计算机上进行训练取得了丰厚的回报。如果你采用其他方法进行训练，效果比不上那个计算机训练项目，那么你的成绩可能只是略有提升，差不多是第55百分位数，即 c 点。

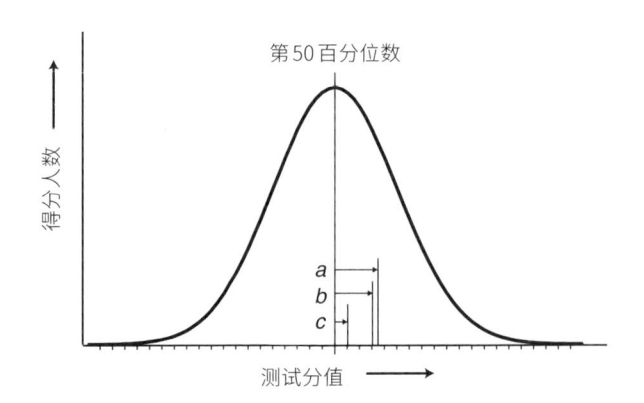

图6-2　不同强化方案的预期表现

倘若你是一位久坐不动的老年人，定期进行锻炼，结果会怎样呢？与其他久坐不动的老年人相比，你的工作记忆得分有望从第50百分位数上升到第71百分位数，即标有 b 的那一点。不过，请注意，运动对工作记忆的改善通常不会出现在更年轻、更健康的人身上。如果你决定练习正念冥想并坚持下去，那么你的工作记忆能力有望从第50百分位数上升到第72百分位数，接近 b 点所在的位置。

你需要付出艰苦的努力才能取得这些成果：可能需要数周或数月的时间才能实现；你可能需要定期进行反复锻炼，以保持所取得的进步；至于反复锻炼的频率和范围，目前尚无定论。此外，请记住这些都是实验室测试的结果。工作记忆表现的改善可能明显，也可能不明显。但对于那些执行这些训练计划的人来说，改善的潜力是真实存在的。而且，你可能会发现自己在电脑游戏、体育锻炼或正念冥想方面的努力是有回报的，无论它们对你的记忆力具体会产生什么样的影响。

◆ 第二条路径：记忆艺术

现在，我们来谈谈增强记忆力的另一条途径，即古人所说的"人工记忆"，这是一条基于记忆艺术的路径。毫无疑问，对于那些熟练使用记忆艺术的人来说，大幅提高记忆力是有可能的。回想一下约书亚·福尔，他学会了如何在不到2分钟的时间内记住一副扑克牌；或者哈里·洛雷恩，他学会了如何快速记住众多现场观众的名字。他们所使用的专门技巧基于各种"龙法则"，这使得他们能够重新加工和组织记忆材料，从而更好地记住这些材料。你不必成为专业记忆大师，但你同样可以使用这些记忆辅助工具。当有人向你介绍"柯林斯先生"（Mr. Collins）时，你可以想象一只友好的"柯利犬"（collie）扑向他，从而立即将名字和人物之间的随机配对转化为积极的、有意义的联想，使你更容易记住。记忆艺术悠久而杰出的历史证明了其实用性。就连热衷于死记硬背的昆体良也赞同记忆艺术，并将其传授给他的学生，在他之前和之后的其他教师亦是如此。

但是，记忆艺术既不是灵丹妙药，也不是免费午餐。它们必须根据具体情况量身定制，并有意识地加以运用。这就意味着，用于记忆姓名的技巧对记忆数字的帮助不大——它们需要不同的策略。而且，每种技巧都有自己的"学习曲线"（learning curve），在达到熟练的程度之前，必须遵循"学习曲线"的要求。这需要自律、专注和努力，因为记忆艺术依赖于高层次的认知操作——注意力、有意识的控制力以及工作记忆中的心理过程。考虑一下，你将如何创建记忆"柯林斯先生"这一名字的视觉图像。首先，你要有意识地决定去创建计划并寻找助记词。接下来，你必须在记忆中搜索与他名字发音相似的具象词，最终选出一个最合适的助记词。一旦确定用"柯利犬"作为助记词，你就必须赶紧创作出"柯利犬扑向柯林斯先生"的视觉图像。

对于记忆艺术实践者来说,他所做的各种努力也有额外的好处。除了可以明显增强记忆之外,记忆艺术还能激发你运用智慧、独立思考和统筹自身心智资源的能力。事实上,你可能会发现,最重要的收获并非来自你记住某个名字或掌握某个事实,更丰富的收获也许是一种成就感,还有对自己思维能力的自信。我们生活在一个遍地都是各种智能设备的时代,这些设备为我们的生活带来了便利,却大幅降低了人类对智力的要求。例如,搜索引擎不仅能帮我搜索出事实,甚至还能帮我正确拼出关键词。记忆艺术则是一种相反方向的挑战。它们是智力领域的自力更生;它们提供了一种对环境的控制感,这种控制感既刺激,又令人感到满足。

◆ 接下来是什么?

本书的其余部分将探讨特定情境下的记忆策略。你会发现,科学揭示了如何让事实和经历变得令人难忘,如何将它们长期保持下来,以及如何在需要的时候回忆起它们。你将了解为什么有些情况会给你带来麻烦,以及如何利用记忆系统的优势来解决这些问题。你还将了解如何在各种情境中应用"龙法则"和其他记忆策略。

◆ 记忆实验室:创建有效的视觉助记法

视觉助记法依赖于视觉线索与目标记忆之间的关联。本章的"记忆实验室"给出了一个案例研究,该研究展示了在选择视觉线索时的一个常见错误。看看图6-3所示的视觉助记法,它被设计用来帮助记住增强记忆力的两条路径。

你可以看出这个助记法的创作者的想法。"大脑"图像旨在提示通过加强核心过程来改善"自然记忆"的路径，而"调色板"旨在提示"记忆艺术"这一路径。创作者还特意把一条路径设计得窄一些，另一条路径设计得宽一些，以提示记忆艺术的提升是针对具体情况的，而"自然记忆"的改善则是全局性的。

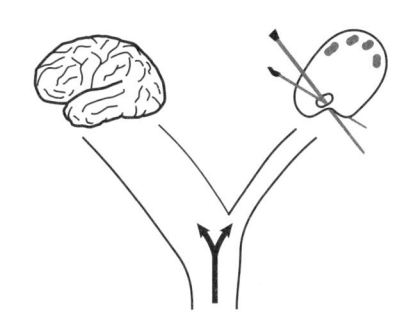

图6-3 提示两条增强记忆力的路径的视觉图像

那么，错误在哪里呢？其错误在于，"大脑"这一视觉图像对回忆增强"自然记忆"的三种不同方法没有任何帮助。为什么这位创作者会选择大脑图像作为提示呢？如果我们回溯一下他的思考过程，就会获得关于创建此视觉图像的重要启示。

这位创作者很可能试图通过分析增强核心记忆的三种方法来寻找记忆线索。在思考的过程中，他发现"脑力增强"是这三种方法的共同点。那就是：

计算机训练→脑力增强
正念冥想→脑力增强
体育锻炼→脑力增强

因此，在创作视觉助记法时，他认为"大脑"似乎与这三种方法有着某种逻辑联系。问题是，当他使用这一视觉助记法时，如果要回忆起这三种方法，联想必须朝相反的方向进行。也就是说，他看着视觉图像回忆时会想到：大脑……？这就是此视觉助记法的不妥之处。

他的错误很容易出现：在创作视觉助记法时感觉似乎有用且能

给出合理的提示，而在使用视觉助记法时却变得无效。视觉助记法无效的一个常见原因是：忽略了联想的方向性，创建和使用助记法时，方向是颠倒的。

在创建助记法时：记忆材料→考虑记忆线索
在使用助记法时：记忆线索→回忆记忆材料

作为记忆艺术实践者，这意味着你需要对记忆线索和记忆材料之间的联想方向保持敏感——联想必须在你使用助记法时起作用，而不是在你创作它时起作用。

那么，还可以做些什么呢？图6-4就是一个替代方案。现在，增强"自然记忆"的助记法线索是一款电脑游戏，在游戏机的画面里显示了一尊正在打坐的佛像，游戏机下方是穿着运动鞋的一双脚。这样的视觉图像可以让人快速回忆起三种增强策略。

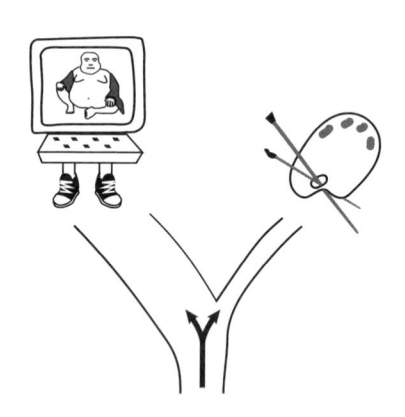

图6-4 改进后有更多具体线索的视觉图像

第 7 章
记姓名

在一次聚会上,我遇见了一位许久不见的前同事。我和女伴一起走过去打招呼。他介绍了他的妻子,我介绍了我的女伴。过了一会儿,我向他的妻子打听她的工作时,才发现我已经完全忘记了她的名字。我很尴尬,但我装作不知道,我想她也不知道。后来我听到别人介绍她时,我才想起来了。

这是我班上的一位学生给我讲的故事,它描述了我们大多数人都相当熟悉的一种窘境。事实上,通过调查发现,忘记别人姓名是最常见的记忆问题,不管你采访的是大学生还是老年人,都是如此——尽管随着年龄的增长,抱怨声会越来越大。

忘记姓名是有原因的。我们通常是在热闹的社交活动中第一次听到某个姓名的,这样的环境下存在很多干扰因素。而且,有些姓名并不熟悉,这可能会使它们很快就变得模糊不清。但还有另一个因素在起作用。事实证明,即使姓名很容易记住,即使我们全神贯注地去记,也很容易忘记。姓名之所以难记,仅仅因为它们只是个姓名。

请看图7-1中的两个人:律师法默(Farmer)先生和农民罗伯茨(Roberts)先生。现在,假设你在一次聚会上遇到这两个人,听到了他们的名字和职业。一段时间后,当你听到用英文念出的 "农民"(farmer)这个词语,你想到的是人的名字,还是职业?

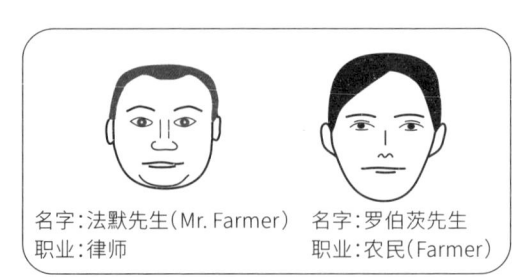

名字:法默先生(Mr. Farmer)　名字:罗伯茨先生
职业:律师　　　　　　　　　职业:农民(Farmer)

图7-1　名字和职业,哪个更好记?

研究人员洛里·詹姆斯（Lori James）研究了对"farmer"这类单词的记忆,这些词既可以是人名,也可以是职业。她发现,当一个单词被用作名字时,其记忆难度会立即增加。她让研究参与者学习图片中人物的名字和职业。她使用了"farmer"（农民）、"baker"（面包师）、"weaver"（纺织工）和"cook"（厨师）这样的词,她让一些参与者使用这些词作为名字,而另一些参与者则使用相同的词作为职业,这与漫画中的情况类似。她将大学生和老年人都纳入了研究,以分析年龄效应。随后,她向参与者展示了准备好的图片,并要求他们说出每个人的名字和职业。结果一目了然,如图7-2所示：当一个词以职业的形式出现时,人们会记得很牢；但当它以名字的形式出现时,人们就不容易记住了。不出所料,老年人比年轻人更难记住名字。两组参与者在记忆职业方面都没有问题,差别也不大。

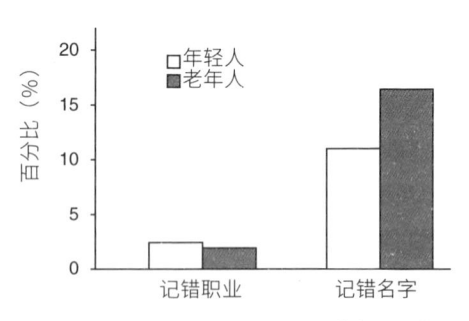

图7-2　记姓名和记职业是截然不同的

◆ 姓名有什么意义？

为什么作为职业很容易记住的词，作为名字却很难记住呢？这个问题的答案让我们得以了解记忆系统，并进一步提出记住姓名的可行策略。正如图7-3所示，这一切都取决于你检索单词时可供联想的信息。当我告诉你罗伯茨先生是个农民时，你会立刻对他有一定的了解——他会开拖拉机、种庄稼、在田里干活。以后，如果你想回忆起他的职业，也许答案并没有立刻浮现在你的脑海中，但你可能会有其他的一些联想，比如他开拖拉机，这就能提示你，他是一个农民。

但是，当你试图回忆他的名字时，只有一条路径。没有额外的联想——名字只是一个人的代号，没有额外的意义。不管他是"罗伯茨"还是"库克"，都无关紧要。既然名字与人之间的唯一联系很薄弱，你自然就很难记住这个名字。很遗憾，没有备选计划。

那么，如何才能提高记姓名的能力呢？图7-3展示了实现这一目标的三个条件。你必须记住面孔、姓名以及它们之间的联系。要是其中任何一个的记忆较模糊，那么在回忆姓名时，你可能就会一脸茫然。我们将学习有效的记忆策略，确保不会发生同样的情况。下面，我们从一个特别重要的步骤开始。

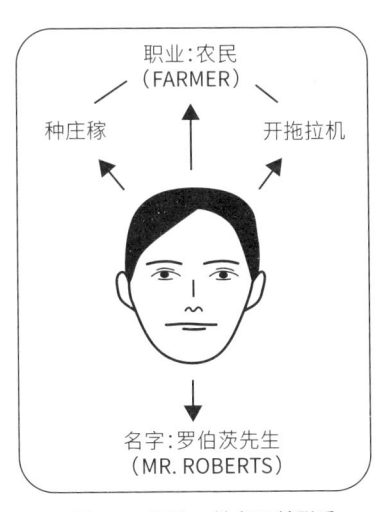

图7-3 面孔、姓名及其联系

◆ 记住那个人的面孔

除非姓名与人有某种联系，否则只记姓名是毫无意义的。通常，这意味着要将姓名与面孔联系起来，因为面孔是与我们身份最相关的身体部位。如果你属于不容易忘记别人面孔的人——即使是在短暂的接触之后，那么你应该感到幸运。对于我们其他人来说，有一些方法可以改善我们对面孔的记忆。这是提高记忆姓名的能力必不可少的第一步。

面孔不是普通的视觉对象，不像鞋子，甚至不像身体的其他部位比如胳膊或腿。面孔是婴儿最先关注的东西，而且在人的一生中，面孔都会为我们提供重要的信息，帮助我们识别人、打量人、推断人的情绪、揣摩人的意图。一些研究人员认为，正是因为面孔如此重要，人类才进化出了专门的神经回路来分析和记忆面孔，这种回路利用面孔的多个不同部分来识别。我们可以利用特定的个人特征——大鼻子或迷人的眼睛。或者，我们可以依靠对所有特征的综合印象。当你第一次见到某个人时，面部特征往往是你再次认出那个人的最重要因素。这就是为什么如果你最近遇到的一位女士换了新发型，或从金发染成黑发，你可能就会认不出她。但是，如果你与她加深了解，你就会熟悉她脸部的总体布局，并从整体上感知她。即使她换了发型，你也会欣然接受——你可能会感到惊讶，但不会对她是谁感到困惑。

因为当你遇到一个新认识的人时，你对脸部的整体感知可能会比较弱，所以寻找一个特定的特征——棱角分明的下颌线或笑起来像月牙的眼睛——来将这个人与其名字联系起来，不失为一种好的策略。随着面孔变得越来越熟悉，名字最终也会与面孔的整体特征联系起来，这些步骤将在适当的时候才会自行完成。专业记忆大师的建议与这一方法不谋而合——将一个显著的面部特征与名字联系起来。记忆大师哈里·洛雷恩和杰瑞·卢卡斯（Jerry Lucas）认为：

你可以任意选择有特征的部分：头发或发际线，额头（窄、宽或高），眉毛（直、弯、浓），眼睛（大、小），鼻子（大、小、塌、翘），鼻孔（扇形、夹形），高颧骨，脸颊（丰满或凹陷），嘴唇（直、弯、丰满、薄），下巴（有裂痕、后退、突出），皱纹，粉刺，疣，酒窝……

要做到这一点，你必须仔细观察面孔，而这并不是我们每个人都能做到的。如果你对面部细节的关注很随意，那么你就需要在这方面多下功夫。洛雷恩和卢卡斯建议，在仔细观察面部时，要特别重视第一印象。例如，当你第一次见到斯宾塞时，你注意到他浓密的眉毛，这很可能会在你下次见到他时再次引起你的注意。这正是你把斯宾塞和他的名字联系起来的契机。

- **找不到突出的特征怎么办？**

如果在初次见面时没有观察到突出的特征，那么下次见面时很可能也不会识别出任何特征。因此，不要刻意追求某个特征，而要尝试对面部有一个整体的、全面的印象，并以此来联想名字。将注意力集中在眼睛下方的面部中心，充分关注面部的构造方式——不是细节，而是整体。在观察面部时，记忆系统的深度处理机制也会帮助你记住它。

其他稳定的个人特征也可以用来与名字联系，比如体重、身高或特别的个性风格。例如，紧张的举止、肥胖的腹部、多毛的手臂、猩红色的指甲等，都可以成为记忆线索，只要你加以注意。你甚至可以通过服装或首饰来加深记忆，尤其是在你不太可能与对方有多次互动的情况下。例如，夸张的耳环或钴蓝色衬衫就能将某个人与其名字联系起来。

- **如何提升记住面孔的能力?**

人们在识别面孔的能力上存在很大差异。一项研究发现，大学生在面孔记忆方面存在7倍的差异，具体表现为认错人或认不出熟悉的人的概率有着很大落差。

你可以通过有意识地注意面孔并识别其特征来提高记忆面孔的能力，进而提高记忆姓名的能力。你可以在人流络绎不绝的环境中——购物中心或拥挤的地铁站台——练习这样做。当一个人经过时，仔细观察他的脸，然后选择一个明显的特征；如果没有一个特征让你眼前一亮，就试着记住整体印象。从两三个人开始，你试着回忆这些面孔和你挑选的记忆线索。

通过练习，你会发现这项任务变得越来越容易。正如记忆大师肯尼斯·希格比（Kenneth Higbee）所说："实际上，一张脸有许多明显的特征，但你必须训练自己去寻找它们。一旦你这样做了，你就会在一张脸上看到更多的东西。"

◆ 基础策略：建立强联系

现在，我们已经准备好将这一切整合在一起，完成将一个人与一个名字联系起来的全过程。我建议你在开始之前一定要建立一个明确的记忆动机——自己承诺记住名字并计划这样做。你对记住姓名的承诺至关重要。给自己一个理由，让它成为你希望发生的事情——也许是为了给别人留下一个好印象，也许你把记住姓名看作一项挑战，一个锻炼自己心智的机会。刻意让自己对即将见到的人产生兴趣也会有所帮助。这个人是谁？他有什么故事？当然，你不会在介绍中了解到这些，但你可以一边打量他，一边记住他的名字。

诸如此类的策略，可以提高你的注意力和积极性。

在此过程中，你可以决定要记住姓名的哪一部分。在大多数社交场合，如果我说"我叫鲍勃·麦迪根"，你只需要记住"鲍勃"即可。而如果你见到的人是我这个新教授，那么"麦迪根"就是重要的部分。无论哪种情况，你只需记住听到的部分内容，这样就能更轻松地完成任务。

现在来谈谈具体的记忆策略。作为基础策略，在面孔和姓名之间建立起强联系这种方法易于应用，也能带来真正的好处。要是你只想从本章内容中掌握一种方法，那就用这个基础策略吧。记姓名的过程有四个步骤：找到特征（Find a Feature）、听（Listen）、说（Say）和练习（Practice）。我建议你用与它们的首字母相同的词编成一句离合诗："友善的羊驼寻找人。"（Friendly Llamas Seek People.）图7-4是用来记住这句离合诗的视觉图像。

- **找到特征**

  尽快决定你将用哪种特征把对方与其姓名联系起来，这样你就可以在实际介绍过程中降低认知负担。通常，在正式介绍之前，你就能发现可能会被介绍给你的人。这正是仔细观察他们的好时机，找到他们身上的闪光点，以便在介绍时与他们的姓名联系起来。是特定的面部特征，其他特征，还是整体印象？

图7-4 离合诗句"友善的羊驼寻找人"的视觉图像

- 听

在介绍过程中，注意力不集中会带来真正的麻烦，而且在热闹的场合很容易发生。你需要自上而下地牢牢控制注意力，以确保新的名字在你的记忆中留下深刻的印象。老年人似乎特别容易在这方面出现问题，因为他们更容易分心，导致注意力不集中。如果你没有听清楚名字，请对方重复一遍。有些人觉得这样做很尴尬，因为会打断介绍过程，但如果你真想记住对方的名字，这样做是必要的。我发现，人们一点也不介意再说一遍自己的名字——这恰恰表明我有兴趣认识他们。

- 说

有计划地复述这个名字——"很高兴见到你，艾玛"。养成这样做的习惯很有价值，因为这涉及检索练习，而检索练习是加强记忆的最有效方法之一。当你说出"艾玛"的时候，你也会再次听到这个名字。

- 练 习

练习是成功的关键。它可以加强对名字和所选特征的记忆，同时建立两者之间的联系。第一次检索练习是在你复述名字时进行的，这通常还远远不够。你需要通过观察人物、注意所选特征和回忆名字来加强练习。比方说，抓住机会在对话中使用新名字。当然，这样做可能会失礼，但你不必真的大声喊出这个名字，你可以在心里默念，比如"说得好（罗杰）"。每次练习说出这个名字并注意你所选择的特征，都会加强它们之间的联系。

记忆大师斯科特·哈格伍德建议在接触一个新名字后5分钟内进行3次演练，最新研究结果与他的建议一致。心理学家彼得·莫里斯（Peter Morris）和他的同事要求参与者在实验室和真实派对上通过3次练习来记住新名字。在实验室的条件下，3次检索练习使记住名字的成功率提高了200%。在现实世界中，由于有很多干扰因素，收益下降到了50%，但这仍然是一个很大的进步。

如果你需要长时间记住姓名和人物的联系，就需要更多的练习。至于合适的练习间隔如何确立，这取决于你要过多久才会再次见到对方。如果时间相对较短，也许只有几天，那么在初次见面的当天晚些时候再进行一次检索练习就足够了。练习的方法是回想这个人，想象他的特征，然后回忆他的名字。但是，如果记忆的间隔时间较长，则应使用第4章中所讨论的间隔记忆"五法则"作为指导，科学地保持记忆的强度。

◆ 增强策略："影子"与视觉图像

哈里·洛雷恩之所以在现场能快速记住大部分观众的名字，令观众感到无比惊讶，是因为他使用了先进的记忆艺术。在现场，他不能依靠检索练习，因为没有时间。他是通过创造生动的视觉图像而将名字与面孔联系起来的，图像的强大足以帮助他在不进行练习的情况下记住所有名字。

熟练的记忆大师使用这种方法时，效果是毋庸置疑的。根据我的经验，这是记住新名字的最佳方法，因为生动的联想不需要太多的维护就能牢牢记住。它不仅能帮助你记住名字，还能将名字与所选特征联系起来。其缺点是意象联想比"友善的羊驼寻找人"策略需要更多的努力和认知资源，有时甚至超出了你的能力范围。建议你把这些先进的方法看作"友善的羊驼寻找人"策略的附加步骤，只要你能做到，这些可选的增强方法将对你大有裨益。

- **"影子"策略**

我们经常会认识这样一些人,他们的名字与新近的介绍对象正好相同。以"斯宾塞"为例。我以前就认识一个叫斯宾塞的人,通过想象我所认识的斯宾塞拍打新认识的斯宾塞的后背,我就能记住新认识的斯宾塞的名字。只要稍加练习,你就能很快做到这一点,用熟人、名人或政客作为"影子"。

最有力的联想是,影子图像与目标人物的显著特征相互作用,例如想象"老斯宾塞"拉扯"新斯宾塞"浓密的眉毛。这样的图像不仅能帮助你记住"新斯宾塞"的名字,还能与其显著特征联系起来,这是一种理想的记忆线索。但有时我会觉得这种方法太复杂,于是我就创造了一个简洁的画面,让"影子"拍打目标人物的后背,或抱住目标人物的双臂,甚至只是从目标人物的肩膀上看过去。这能帮助我记住名字,然后我再依靠检索练习来加强这个人的名字与其显著特征的联系。

- **记姓氏的技巧**

有时,你可以用"影子"策略来记姓氏。比如你遇到一位沙利文先生(Mr. Sullivan),而你又记得高中同学里克·沙利文(Rick Sullivan),那么你就可以利用这一点,创造出"影子"。另一种幸运的情况是,姓氏可以解释为一个有意义的词——法默(农民)女士(Ms. Farmer)、加德纳(园丁)先生(Mr. Gardner)或卡斯尔(城堡)女士(Ms. Castle)。这里的策略是围绕这个词塑造一个形象,将对象与其姓氏的含义联系起来。你可以想象法默女士穿着工作服或拿着干草叉。同样,你也可以想象胡佛(吸尘器)先生(Mr. Hoover)在操作吸尘器,布朗(棕色)女士(Ms. Brown)戴着一顶棕色的大软帽。或者,你可能会注意到克莱(黏土)女士(Ms.

Clay)的头发非常卷,因此你可以想象她正在为陶器塑形,黏土碎片飞到她的头发上。最后这个例子是将她的显著特征和她的姓氏形象结合在一起,作为"姓氏-特征"的视觉图像,这算是一记全垒打。

不幸的是,姓氏通常不能直接转换成图像,这时"替代词"技术就成了唯一的选择。我们在第1章中就见过这种情况,我把"情景记忆"和"语义记忆"转换成了记忆线索"异国鲑鱼"。这种策略对于记姓氏尤其有用。因此,当结识罗伯茨先生(Mr. Roberts)时,你可以寻找一个听起来足够像他姓氏的具象词,作为有用的记忆线索。也许你会想到"强盗"(robber),如图7-5所示。你可以想象他拿着一个装有盗窃工具的包。如果你能创造出一幅有意思的图像,让"强盗"浮现在脑海中,那么你就很容易对他的姓氏产生联想,从而大大提高记住他的可能性。

接下来是其他例子。我注意到伯里尔先生(Mr. Burrill)身材高大,体格健壮,于是我想象他牵着一头惊讶的驴子(burro)。我想象古尔克女士(Ms. Gurke)在漱口(gargling),卢扎诺先生(Mr. Luzano)被松散的弹药(loose ammo)包围着,科皮施克女士(Ms. Kopischke)是个警察(cop is me),博伊德斯顿先生(Mr. Boydston)是个胖小子(boy ton),阿内尔女士(Ms. Arnell)拿着臂铃(arm bell),提尔曼先生(Mr. Tillman)在耕种(tilling)他的花园,麦迪根教授(Professor Madigan)可以被描绘成又疯了(mad again)。当这些图像与人物的显著特征能发生互动时,就能提供最大的帮助,"伯里尔先

强盗(robber)
名字:罗伯茨先生(MR. ROBERTS)

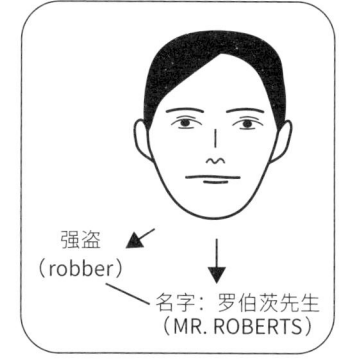

图7-5 姓氏的替代词是如何增强记忆线索的

生"就属于这种情况。

将姓氏转化为图像的方法需要练习。每次遇到新朋友时，试着进入"姓氏—替代词—图像"模式。把它想象成一种游戏——就像双关语迷乐于发现词语中隐藏的含义，或者饶舌歌手乐于创作韵律一样。虽然你不可能把每个姓氏都转换成图像，但你一定可以提高自己在这方面的能力。这样一来，你就会发现自己对姓氏的记忆力有了质的飞跃。

实验室研究表明，无论是大学生还是老年人，使用这种策略都能改善对"名字-面孔"的记忆能力。这种技巧在实用记忆训练课程中也受到了持久的欢迎，其中最著名的是哈里·洛雷恩提供的课程。他曾向许多公司高管、名人、军官和其他受众传授过这种技巧，并在介绍如何提高记忆力的书中对其做了详细描述。其他经验丰富的记忆力培训师也教授过类似的方法。

不过需要提醒的是：掌握视觉想象法需要付出努力。在瞬息万变的社会环境中，这种方法尤其具有挑战性，因为在复杂环境中，你很难调动脑力或心智资源去寻找具象词并创造视觉图像。在两项研究中，学生们在实验室中学习了这种方法，然后尝试在现实生活中使用，却发现这种方法并没有帮到他们。不过，这些学生都是新手——他们刚刚学习了这些技巧，只需多加练习，他们的能力肯定会有所提高。上述研究得出的结论是，掌握这种强大的方法需要时间。我的建议是，在运用"友善的羊驼寻找人"这样的基础策略的同时，尝试创建"名字-特征"视觉图像。如果你能很容易地将名字转换成图像，那么请使用图像；如果没有合适的图像，请继续使用基础策略，并依靠检索练习来记住名字、特征和它们之间的联系。

◆ 多人名字的记忆挑战

想象一下，你走进潜在客户公司的一间会议室。8位男士和女士围桌而坐，介绍开始了。"约翰，这位是哈里，这位是莎莉……"每个人都对你点头或与你握手。说到记名字，没有比这更令人生畏的了。名字太多，介绍时间太短，无法进行检索练习，你只能感觉到一个个名字在悄悄"溜走"。不过，无论是在会议、聚会还是其他社交活动中，你都可以采取一些措施来应对这种集体介绍。

这里有一条首要规则：不要放弃。当你记不住所有名字时，很容易就会放弃尝试。但是，如果你能坚持下去，并尽可能好好运用"友善的羊驼寻找人"策略，你就有可能将一些名字在记忆中保持足够长的时间，以便在有机会进行检索练习时加强记忆。通常情况下，只要你在活动中多加注意，你就能拾起那些被遗忘的名字。

还有一些具体的策略也会有所帮助。例如，如果你肯下功夫，也许能挤出一点时间进行练习。在有人向你介绍多位新朋友时，按照"友善的羊驼寻找人"策略，在介绍下一位之前，先看一眼之前那位新朋友，然后自言自语地念出他的名字。介绍完毕后，立即寻找更多机会练习。

另一种技巧是由商业教练兼励志演说家唐·加博尔（Don Gabor）提出的。他称之为"字母链"，具体做法是这样的：在介绍每个人时，用名字的首字母组成一个"字母链"。如果你第一次见到卡梅伦（Cameron），然后是海莉（Haley），记住"C-H"。接下来介绍亚历克斯（Alex），"字母链"就变成了"C-H-A"。只要一有时间，就看看这些人，捋一捋名字，练习一下。用"字母链"最多可以记住三到四个名字，否则就会变得过于烦琐。

- **名字游戏**

有一种巧妙的方法，可以让小组所有成员都能记住其他人的名字。它被称为"名字游戏"（name game），这种游戏在有主持人指导的情况下效果最佳。当第一个人说出自己的名字时，游戏就开始了。第二个人在说出自己的名字之前，要先说出第一个人的名字。游戏就这样继续下去，每个人在自我介绍之前，都要先说前面所有的名字。我们鼓励小组其他成员默契地配合，一旦有人卡壳了，小组其他成员可以提供帮助。如果有黑板，每个人在说自己的名字之前，先在黑板上写下来，然后擦掉。

除了增强记忆力以外，"名字游戏"还很有趣。它可以打破社交僵局，让人们更容易交流。研究人员彼得·莫里斯和凯瑟琳·弗里茨（Catherine Fritz）发现，人们用这个游戏记住的名字数量是标准自我介绍方式的3倍，这个成功率来自游戏所提供的检索练习。这个游戏似乎最适合十几人的小组，不过，莫里斯和弗里茨也曾在多达25人的小组中使用过。

◆ 最后的思考

关于人名，好记性能获得很多益处。在客户服务或人际交往非常重要的职业中，能记住联系人姓名的人，要比记不住的同行更有优势。正如戴尔·卡耐基（Dale Carnegie）在1936年指出的那样："记住，一个人的名字对他来说是最动听、最重要的声音。"记住一个人的名字，就等于与这个人建立了某种联系，这种联系在任何社交场合都能带来好处，因为它是人与人之间的纽带。在我担任大学教师的岁月里，这一点给我留下了深刻的印象。新学期伊始，我会在头几堂课上了解并记住学生们的名字，一旦这样做了，我在讲台上的体验总会发生明显的变化。班级从"面孔的海洋"变成了个体的集合,因为我和每个人都建立了联系。令人惊讶的是,即使我对学生们除了名字以外一无所知,积极的变化还是会发生。你可能会像我一样发现,把记忆技巧应用到名字和面孔上,会有一种特别的满足感。

在下一章中,我们将探讨另一种既有实际效用又能满足个人需求的记忆应用情境——如何记住打算要做的事情,比如在回家路上取回干洗好的衣服。我们将了解为什么这些事情会具有挑战性,以及记忆策略如何提高我们不至于空手而归的概率。

◆ 记忆实验室:从遗忘中学习

养成记住别人名字的习惯,不仅可以获得社交方面的回报,而且还是一种磨炼记忆艺术的绝佳方法,因为你可以锻炼关键的记忆活动,如注意力、自上而下的控制力、创造力、快速思考和预演的能力。因为它具有挑战性,所以你不会总是成功。在本期的"记忆实验室"中,我们将探讨记忆艺术实践者不可避免的一个事实:偶尔的记忆失败。我在这里要传达的信息是,如果你能以正确的方式对待这些失败,它们就可以磨炼你的记忆技能。事实上,对于提高记忆力的贡献,我相信失败和成功一样,甚或更大。

要想从中受益,你必须把记忆失败看作技巧问题,而不是整体记忆缺陷的表现。假设你在会议开始时听到四个名字,但忘记了其中两个。如果你问自己:"我的记忆力出了什么问题?"或者想:"哎,又是一个衰老的迹象。"这都是无济于事的。诸如此类的想法只会让你对自己的基本记忆能力产生担忧,对你今后的记忆力提升毫无帮助。事实上,这些想法可能会产生相反的效果,因为它们助长了消极的期望,而这种期望很容易成为现实。

你应该怎么做呢？首先，接受并承认记忆失败。其次，进行事后分析，找出问题所在。是注意力不集中？信息量超负荷？想象力薄弱？预演不足？记忆检索练习不够？如果能找出问题的症结所在，你也许就能想出更好的办法来应对今后可能遇到的类似情况。我之所以说"可能"，是因为并非每次记忆失败都是可以避免的。有时候，对记忆力的要求根本就超出了记忆艺术的效力范围。但你经常会发现，你可以想出更好的方法来应对，当你能想出更好的方法时，你就有机会提高你的技能。

尽量不要浪费每一次失败！

第 8 章
记打算

记忆既可以关乎过去,也可以关乎未来。你打算下班后寄礼物,或者在周三之前付电话费,或者在3点钟与你的侄子贾斯汀见面。心理学家称这种记忆为"前瞻性记忆"(prospective memory),即对将来要做某事的记忆过程。它能帮助我们保持健康,处理好人际关系,提高工作效率。

前瞻性记忆是一种特别容易出错的记忆形式。保守估计,人们日常遇到的记忆问题有一半以上都与前瞻性记忆有关。这些问题大多无关紧要——忘记干洗衣物、忘记关门廊的灯,甚至错过一次员工会议或参加讲座时没带讲义。虽然令人恼火和尴尬,但这些都是小麻烦。然而,并不是所有的前瞻性记忆错误都是可以忽略和原谅的。因为前瞻性记忆是关于行动的,遗忘有时候会带来极其严重的后果。

其中一个令人震惊的例子,源于人们为改善儿童乘车安全而做出的善意努力。研究表明,如果儿童坐在后座上,他们在事故中受伤的风险就会降低,因此在20世纪90年代通过了相关法律,规定儿童安全座椅必须固定在后座上。然而,粗心的家长本来打算在上班途中把孩子送到托儿所,到达目的地停车后,却忘记了后座上的孩子,将其长时间留在车里。特别是在夏季,这可能是一个致命的记忆错误。虽然确切数字尚不清楚,但专家估计,每年有15~25名儿童,因为粗心的父母将他们遗忘在封闭的车内,不幸在高温下死亡。

为何会出现这种前瞻性记忆错误?什么样的父母会容易犯这种错误?《华盛顿邮报》专栏作家吉恩·温加顿(Gene Weingarten)调查了多起此类案件,试图找出规律:

事实证明，富人是这样做的，穷人也是如此，中产阶级也会这样做。不同年龄、不同种族的父母都会这样做。母亲和父亲一样都会这样做。长期心不在焉的人和狂热的组织者，受过大学教育的人和识字不多的人，全都会这样做。在过去的10年里，牙医和邮局职员都遇到过这种情况；它也发生在社会工作者、警察、会计师、士兵、律师助理、电工、新教牧师、犹太教学生、护士、建筑工人、助理校长身上；同样地，心理健康顾问、大学教授、比萨厨师、儿科医生、火箭科学家也不例外。

事实上，这些经历与其说是特定人群的弱点，不如说是记忆的弱点。在阅读了温加顿这篇获得普利策奖的报道的完整叙述之后，我们不难得出这样的结论：我们中的任何一个人都有可能陷入这样的境地，在适当的条件下，我们的前瞻性记忆可能会出错，造成灾难性的后果。

◆ 前瞻性记忆是如何失效的

当父母们出发去执行这些"致命的"驾驶行动时，他们从未想过可能会发生可怕的事情。他们想当然地认为，他们会在适当的时候想到把孩子放下，就像过去一样。但事实上，他们是依靠记忆线索来提示送孩子的。尽管记忆线索可能会以多种方式出现，却无法保证它们一定能起作用。

要理解触发记忆线索的过程，首先要回过头来看看前瞻性记忆背后的主要推动力，即执行未来行动的意图——在本例中，就是在上班途中送孩子。意图充当了对行动的记忆，但这不是普通的记忆，因为它包含了一个目标，以及执行目标的计划和动机。复杂的研究表明，意图一旦产生，就会在认知系统的背景中保持活跃，即使在主体没有思考它的时候也是如此，而且这种活跃状态似乎会一直保持到目标完成或放弃为止。西格蒙德·弗洛伊德（Sigmund Freud）很早就捕捉到了这一想法，他写道："意图在人体内沉睡，直到临近执行的时间。然后，它苏醒过来，促使主人去执行行动。"

但究竟是什么"唤醒"了这种意图呢？这个问题是许多前瞻性记忆研究的核心。马克·麦克丹尼尔（Mark McDaniel）和吉尔斯·爱因斯坦（Gilles Einstein）是这一领域的著名研究者，他们提出，可以通过"自上而下的注意力"或"自下而上的注意力"监测到执行意图的线索。区别在于我们是努力寻找线索，还是只是等待它们突然出现在意识中。

如果基于"自上而下的注意力"，那么我们会刻意保持警惕，直到提示出现，这一过程被称为"主动监测"（active monitoring）。当我们预计很难注意到线索时，就会选择这种策略。因此，如果你打算在"图书馆之友"的年度鸡尾酒会上向一位老朋友问好，你很可能需要在参加活动的过程中通过"主动监测"来寻找她。当计划执行的行动特别重要时，我们也会采用同样的策略。如果你打算在回家路上停下来加油——因为油箱快要空了，你很可能会对加油站保持警惕。在这两种情况下，基于"自上而下的注意力"的"主动监测"过程都能提高执行预定任务的可能，但并非绝对保证。"主动监测"不仅会因为注意力被分散而受到影响，当你在保持警惕等待提示的同时做了其他事情时，"主动监测"也会遇到麻烦。在鸡尾酒会上，你碰到了你的小舅子，当你在留意你的朋友时，你也可能专注于有关明年筹资活动的谈话。"主动监测"需要像"自上而下的注意力"这样的心智资源。如果关注谈话也需要调动这些资源，就必然有所牺牲，结果就是在寻找朋友或继续讨论时出现问题，或者两者都出现问题。尽管"主动监测"有很多优点，但它是一种要求很高的方法，需要付出极大的精神代价来监测执行未来行动的线索。

正因如此，把孩子遗忘了的父母在悲剧发生当天不太可能主动寻找通往托儿所的道路。他们并不认为下车的地方有什么不寻常之处，那只是一趟例行旅行中的又一处例行停留而已。若是他们中有任何一个人想过，哪怕只有一秒钟——要是他们错过了这条路，孩子就会受到伤害，那么他们肯定会积极地留意这条路，并及时停车。可这不是他们的想法。相反，他们依靠的是我们触发未来行动的第二种方式——一种基于"自下而上的注意力"的过程，即自动响应线索提示并唤起对行动的记忆，这一过程被称为"自发检索"（spontaneous retrieval）。研究者麦克丹尼尔和爱因斯坦认为，这是我们处理未来行动的首选方式。

对于父母来说，他们很可能是在需要改变路线并转向托儿所的时候激活"自发检索"的。这样的地标为驾驶者提供了一条线索：（1）与驾驶相关；（2）与执行未来行动的意图相关。研究人员称之为"焦点线索"（focal cue），因为它既与驾驶任务相关，又与行动意图相关，这样的组合使得发生"自发检索"的可能性特别大。但是，"可能"并不等于肯定，在这些悲惨的旅行中，"自发检索"并没有发生。

在错过转弯之后，父母虽然仍有可能自发想起去托儿所，但这种概率却大大降低了。也许注意到沿途的另一家托儿所就能找回意图，但这种可能性也很小，因为这不是一个"焦点线索"，与驾驶无关。一个偶然的念头也许会触发"自发检索"，但这次也没有发生。最后一次触发行动意图的机会是当驾驶员把车停在终点站并关上车门时，但他需要的线索——后座上的孩子——也不是"焦点线索"，于是灾难剧本上演了。

对前瞻性记忆的这一分析表明，当我们忙于其他事情而没有积极地进行监测时，前瞻性记忆并非能稳操胜券。成功与否完全取决于能否激活"沉睡"的意图,而这一要求可能确实存在问题。过度自信也会导致失败。我们在处理这些情况时往往过于自信:我当然会记得今天付账单;我当然会记得寄礼物;我当然会记得下午3点钟的会议。但事实是,我们并不总是记得,当"主动监测"失效,"自发检索"也没有出现时,我们会发现自己感到万分惊讶和无比懊恼。

因此,在处理前瞻性记忆时,应保持适度的谨慎。尽管前瞻性记忆通常很成功,但出错也是无法杜绝的。幸运的是,你可以采取一些措施来改善它的运作。你可以为未来行动创造更好的外部线索。另外,你还可以做好心理准备,以帮助自己在适当的时刻触发行动意图。

◆ 通过外部线索改善前瞻性记忆

我们都会使用外部记忆辅助工具来帮助前瞻性记忆。明天要寄信吗?把它放在车钥匙旁边。早餐时需要吃药?把它放在喝咖啡的杯子里。今天晚些时候有约会?在电脑屏幕上贴一张便条。

这样做的目的是要制造一种刺激,促使人们自发地重新唤起自己的意图,并将其定位,使其成为一个"焦点线索"。这种策略很有效。最有力的外部线索是那些与未来行动直接相关的线索,比如放在钥匙旁边的信或杯子里的药片。不过,即使是一般的线索也会有效。改善前瞻性记忆的经典方法是在手指上套一根绳子。其假设是,它会时不时地吸引你的注意力,提醒你计划做什么。当然,绳子本身只是一个普通的提示,并没有传达任何关于要做什么的信息。

虽然往手指上系绳子的情况在现实中很少见,但我见过有人把手表倒着戴,把戒指移到另一只手上,把背包放在一个不寻常的位置,以及设计其他有创意的吸引注意力的方法。这些都是有趣的记忆辅助工具，因为它们表明，我们通常不需要提醒自己具体要做什么，而是需要提醒自己当下或未来有一些打算做的事情。一旦我们意识到这一点，就可以通过搜索记忆来发现它具体是什么。如果任务非常重要，我们很容易就会想起它。

无论是特定的还是通用的外部线索，都特别值得考虑：当遗忘的代价很高，例如经过通往托儿所的路口时；或者遗忘很容易发生，例如服用重要的药物。这些时候，你最好承认前瞻性记忆的脆弱性，并运用记忆辅助工具。为了降低孩子被遗忘的风险，我的一个建议是，把所需的工作文件放在后座上，以建立一个保险的"焦点线索"。

但并非所有情况都允许添加外部线索，在某些情况下，唯一的选择就是向内求助——做好心理准备，在适当的时候做出适当的反应。即使有可能使用外部辅助工具，记忆艺术实践者也可以选择放弃，接受挑战，依靠自己的记忆技巧来记住任务。以下三种技巧可以大大提高成功率。

◆ 通过心理准备增强前瞻性记忆

这些方法可以用首字母缩略词"冰"（ICE）来表示：执行意图（Implementation Intentions）、线索想象（Clue Imagery）、夸大重要性（Exaggerated Importance）。每种方法都从不同的角度来完成增强前瞻性记忆的任务。前两种方法增加了"自发检索"的可能，而第三种方法则鼓励"主动监测"。我们将按照研究支持的顺序来讨论它们，从支持最多的开始。不过，这更多说明的是研究人员选择了哪些方法进行研究，而不是确信哪种方法最好。要是你打算尝试增强前瞻性记忆的心理技巧，我建议你尝试所有这些技巧，找到最适合自己的。在我的记忆课上，学生们都有自己的偏好，出乎我意料的是他们并没有确定一种普遍最喜欢的方法。第三种方法虽然不那么受欢迎，但也有它的粉丝。

● **执行意图**

这种方法听起来好得令人难以置信。如果你不想忘记吃维生素药片，就对自己真心实意地说："当我明天坐在餐桌前吃早餐时，我会吃维生素药片。"就这么简单。这个无比简单的行动会大大增加你记住吃药的可能。但重要的是，你要确定行动发生的时间和地点。仅仅说"我明天会吃维生素"，甚至"我早餐时会吃维生素"都是不够的。你的意图必须非常明确，即在何时何地采取行动。

虽然记忆专家们过去也推荐过这种方法，但心理学家彼得·戈尔维策尔（Peter Gollwitzer）为执行意图提出了理论依据，并做了开创性的研究，他的研究揭示了这种方法的潜力。现在，它作为增强前瞻性记忆的一种有用方法，已经得到了有力的佐证。执行意图是如何发挥其魔力的，目前仍在积极研究之中，但它的贡献之一是在情境和行动之间建立一种联系，例如坐下来吃早餐→服用维生素片。这种联系为自发检索意图提供了线索。这就解释了为什么具体性是关键所在。说"我明天会吃维生素"时，并没有明确说明应该在明天的什么时候吃药。明确的执行意图，让行动与记忆线索之间的联系变得非常清晰。当未来行动的提示线索不可能引起注意时，执行意图尤其有用——也许你想在回家后给手机充电，吃晚饭前手机就能充满，而你担心没有任何事情来提醒自己去做这件事。明确执行意图，就可以提高这种可能性。它们似乎还能通过弥补因年龄导致的"自上而下的注意力"下降，为老年人带来额外的好处。

以下是一些成功运用执行意图的例子。请注意，每个例子都以感叹号结尾，以表示认真的承诺，这是非常必要的。所期望的行动必须是你真正希望实现的目标，这样才能充分增强执行意图的效力。

三心二意的意图是行不通的。

"早上关掉闹钟后,我会为我的妻子把时间调到7:45!"
"当我用完晚餐后把碗放进洗碗机时,我会回复朋友的电子邮件!"
"吃完午饭,走出餐厅时,我会把丹妮尔的东西从车里拿出来交给她!"
"艾伦·德杰尼勒斯的节目结束后,我会付账单的!"

关于执行意图的一些细节问题仍未解决。大声而不是默默地表达意图是否有帮助?当你决定意图时,是否应该重复几次?你是否应该想象自己正在做这些行动?不同的研究者尝试了不同的方法,仍然没有明显的优胜者。我的建议是多尝试,看看哪种方法最适合你。我发现,在一天中重新审视一两次我的执行意图,会显著增强它们的效力。

事实证明,前瞻性记忆并不是这种策略唯一有用的领域——它在许多需要自我控制的情境下也有帮助。例如,有时问题不在于记忆,而在于简单的惰性:你能记住今天早上计划锻炼,但就是不做;或者,你可能会被其他活动干扰,比如当你出门去健身房时,却和邻居聊起天来。执行意图可以帮助你克服这些障碍。实践证明,执行意图对多种活动都有效,如锻炼、健康饮食、学业成绩、服药、监测血糖和进行乳房检查等。

该策略的另一个应用是"龙法则"之一的"记忆动机"。这包括制订一个在特定情况下保持记忆信息的具体计划,并认真对待。在上一章中,我们看到了记忆动机在记名字时的重要性——一旦你承诺要记住一个名字并制订了计划,成功记住的可能性就会大大提升。

- **线索想象**

这种方法的目标与执行意图相同，都是为了触发对未来行动的记忆，但实施方式却大相径庭。从某种意义上说，它与之前的方法完全不同。执行意图是脚本化的、精确的和口头的，而线索想象则是临时的、创造性的和视觉化的。这种方法，更符合传统记忆艺术的特点。

举个例子。为了提高你记住在回家路上去商店买牙膏的可能性，你可以在早上停车后暂停片刻，想象一下你的方向盘上沾满了牙膏，琢磨自己像这样一团糟地开车回家会有多不愉快。这样做的目的是让你像巴甫洛夫的狗一样：当你下班回到车上看到方向盘时，顿时就会想到"牙膏！"

与执行意图不同，这种策略不涉及行动计划。线索只是提醒你，你打算做一些涉及牙膏的事情。它有两种可能：一种可能是，当你回到车上时，线索会让你清晰地回想起一个乱糟糟的方向盘；其他时候，线索的提示效果可能会更微妙，就像一种奇怪的感觉，让你认为自己还有未完成的事情，这就足以促使你搜索记忆中的未来行动。

以下是一些大学生给出的线索想象示例。

"我需要在5折优惠券过期之前去办公用具商店买一台碎纸机，于是我想象着碎纸屑从我的前门一直延伸到我的车里，车上有一台飘浮着的碎纸机正在往外喷纸屑。这招奏效了。"

"我总是容易忘记带一些塑料袋去回收站，所以我想象了一堆塑料袋绑在我男朋友的车后面，像尾巴一样拖着。当他来接我的时候，我就想起来了。"

请注意，这两个例子是如何将线索与在这些情况下肯定会被注意到的刺激物联系起来的。这一点很重要——提示性刺激物应该成为"焦点线索"。同样重要的是，用来提示线索的图像要生动鲜明。另一个很好的补充就是用情感色彩来增加线索想象的刺激性。方向盘上牙膏的图像为提示增加了"恶心"的元素，使其具有情感和视觉特性。以下是两个将情感色彩融入线索想象的成功例子：

"我需要去拿我的化学实验报告，所以我想象我的书包里有一个巨大的烧杯，里面装有冒着气泡的危险酸液，需要小心翼翼地背着。下课后，当我拿起书包时，我想起了报告。"

"在回家的路上，我必须去商店买尿布。我想象自己把一堆恶心的脏尿布放在副驾驶座位上。上车后，我便想起了尿布。"

与执行意图相比，对线索想象这一策略的研究较少，但爱因斯坦和麦克丹尼尔报告说，在前瞻性记忆研究中，参与者通过线索想象提高了成功率。根据我自己的经验，我的记忆课上的学生也是如此。为了最大限度地利用你的线索，请在你以后希望用它们触发记忆的地方创建它们。这就是我建议你在坐上驾驶座以后而不是在家里想象牙膏这一线索的原因。在一天中练习一两次线索想象，也会增强它的提示效用。

- **夸大重要性**

非常重要的行动更容易被记住，因为它们的重要性会让人不断回想起来。想象一下，你中了一大笔彩票奖金，需要在周三上午10点打电话到彩票办公室安排领取支票事宜。你认为你需要特意在冰箱上贴一张便条来提醒这件事吗？不太可能。这项任务是如此重要，以至于它几乎会一直作为一个积极强大的目标出现在你的脑海中。

当一项任务变得非常重要时，人们就会采用"主动监测"的方式来检索线索。这需要付出更多的精力，但重要的任务值得这样做。任务越重要，"主动监测"的效果就越好。

夸大重要性的策略是试图将平凡的任务变成超级重要的工作，这样"主动监测"就会在更高的激活水平上启动，让你在执行行动前保持警觉。但是，如何才能把像停下来买牙膏这样的日常任务变成一件大事，变成一个重要到会激活"主动监测"的目标呢？你需要的是大胆的方法和丰富的想象力——你必须编造并接受一些虚假的理由，证明这是某种迫切的需要。因此，你可以想象，此时此刻成群的细菌正在摧毁你的数颗牙齿，拯救它们的唯一希望就是买牙膏，回家后用力刷牙。你甚至可以想象自己能明确感觉到细菌在嘴里肆虐。你可能会暗示自己，今天必须完成这项任务，否则牙齿就会脱落，给你的笑容留下缺口。你的目标是将未来的行动转化为一项活动，这项活动非常重要，会促使你"主动监测"，直到任务完成。这种方法与线索想象的区别在于，这里的想象并不与旨在激活"自发检索"的"焦点线索"相联系。相反，这种努力的目标是加强行动的动机，并试图使其强烈到能够激活"主动监测"的程度。

这并不适合所有人，也并不适合每一种前瞻性记忆。但我发现，对于那些富有想象力的人来说，他们可以成功地使用这种方法，因为他们喜欢有创造性的挑战，并且有足够的戏剧天赋，可以把一个普通的前瞻性记忆任务变成一个紧急的、戏剧性的场景。当一切准备就绪时，它就是完成任务的一种有趣好玩的方法。下面是两个大学生的成功应用，其中一个可能做得太过分了。

"我本该去买曲奇饼的。我让自己相信，如果不这样做，整个世界都会饿死，拯救人类就成了我的工作。我成功了。买奥利奥饼干时，我觉得自己像个超级英雄。现在我买饼干的时候脸上都带着微笑。"

"我需要买猫粮。我养了4只猫,其中2只很大。我想象着,如果我不马上买猫粮,小猫就会变得体弱多病,大猫就会变得凶狠,贪婪得想吃掉我。这一招太管用了。我一整天都忘不了买猫粮。那天晚上,我还做了一个关于它的噩梦!"

◆ 在指定时间执行行动

当你必须在指定时间做某件事情时,比如"下午4点钟给水管工打电话",行动的触发点可能会非常模糊。通常情况下,你只能在临近时定期查看时间,即主动监测时间。如果你的注意力不集中,你就会错过提示。

一种解决办法是利用外部线索,如设置手机闹钟或厨房定时器。但对于记忆艺术实践者来说,这又何尝不是一种荣耀呢?事实上,如果你知道自己将在什么地方什么时间做什么,你就可以创建一个可行的内部线索。比方说,在下午4:00之前,你预计要结束一个员工会议,然后回到办公桌前。你可以创建一个与水管相关的图像,比如,一幅描绘被堵塞的下水道淹没了办公桌,污秽物损坏了你的电脑的图像,以提示你当时重点关注的项目。创建图像来触发"自发检索"可能不会完全取代"主动监测",但可以提高你在正确的时间进行监测并记住拨打电话的可能性。

◆ 最后的思考

增强前瞻性记忆的情境可以为记忆艺术实践者带来挑战,从而收获令人满意的成功和令人惭愧的失败。当遗忘的代价不太高时,为什么不尝试一下心理准备的策略,而是把手表戴反或往墙上贴满便条呢？另外，这三种策略都能锻炼记忆艺术的基本技能。

事实上，你可以专门为此制定前瞻性记忆任务来磨炼自己的技能。与其现在就去倒垃圾，不如使用"ICE"中的一种策略，在付完账单后再去倒垃圾；如果你注意到一盆植物需要浇水，为什么不从商店回来后再去浇水呢？诸如此类的自创作业，你当然还可以想出更多，它们可以让你练习记忆艺术，尝试不同的记忆技巧。你的成功会让你产生成就感，并建立起对自己记忆力的信心。与往常一样，注意失败的教训，试着留意自己是否能够找出出错的原因，并从中吸取教训。

◆ 记忆实验室："ICE"的视觉图像

在本章"记忆实验室"中，我将介绍图8-1所示首字母缩略词"ICE"的视觉图像。当然，这只是一个简单的助记法，没有视觉图像也能很好地发挥作用。我之所以把它提出来，主要是因为我希望本章能有一个视觉图像，就像前面各章那样。

在第14章探索"记忆宫殿"时，它们将再次发挥作用。我将向你展示如何创建一座"宫殿"，以作为这些图像的记忆结构，并保存每一章的要点。它将为你呈现书中重要观点的概要，并将其置于你的脑海中。图8-1所示的因纽特人形象及其与"ICE"的联系，在"记忆宫殿"中占有一席之地。

这幅图像有个特点值得一提。回想一下，视觉图像的目的是加快助记词的检索速度。"龙法则"和"友善的羊驼寻找人"的视觉图像提示了相关词组中的第一个——"浪漫的龙（Romantic dragons）……"和"友善的

图8-1　"ICE"的视觉图像

羊驼（Friendly llamas）……"。有趣的是，在"ICE"的视觉图像中，不仅有因纽特人的形象提示了首字母，还有灯泡暗示着一种意图在脑海中闪现。对我来说，这是非常理想的视觉图像。因为"灯亮了"与记忆应用的某种场景有关，而这种场景需要前瞻性记忆，正好因纽特人的形象有助于启动一个助记词来处理它。这些线索有可能相互提示，从而使你迅速将助记词记在脑海中。

第 9 章
记事实

新的事实从四面八方涌进我们的生活。明天的天气预报、美国最新的政治丑闻、修订后的饮食指南、网络上关于森林大火的报道……这些事实大多不会在我们的生活中成为有价值的记忆对象，我们最终会忘记它们。这是理所应当的。记忆系统经过微调，能够保留有用的信息，所以大多数新的事实都不会被记住。虽然我们有时确实会记住一些奇怪的东西，比如猎豹跑得有多快，或者老电影里的一句台词，但这些都是例外。大多数事实，倘若我们不以某种方式加以利用，就会被我们遗忘。

然而，有趣的是，重要的事实有时也会遭受同样的"厄运"。这可能是因为我们并没有立即使用它们，比如当你的孩子哮喘发作时你应该怎么做；也可能是因为你所面对的事实数量太大，比如下周的生物考试或工作所需的新程序。好消息是，正如我们将在本章看到的那样，在那些容易被遗忘的情况下，有一些巧妙而高效的方法可以用来记住要求更高的新事实。

在介绍这些策略之前，让我们先来看看，要是我们不采取任何措施来增强记忆，新学到的知识会发生什么变化。70多年前，心理学家赫伯特·斯皮策（Herbert Spitzer）在其爱荷华州立大学（Iowa State University）的博士论文中，对遗忘过程做了一项经典研究。他要求爱荷华州91所学校的3 605名六年级学生阅读中性主题的事实性短文。由于学生人数众多，他足以将他们分成几组，在不同的时间段对每组进行测试，以了解这些学生在63天的时间里是如何记忆事实类材料的。

斯皮策给每个孩子出其不意地做了一次选择题测试，不同的孩子分别在0天、1天、7天、14天、21天、28天和63天后接受测试。图9-1中的结果显示了遗忘是如何随着时间的推移而发生的。请注意曲线的形状——许多细节在孩子们学会后不久就消失了，而另一些细节则随着时间的推移逐渐消失。这就是遗忘的材料没有被利用的结果。

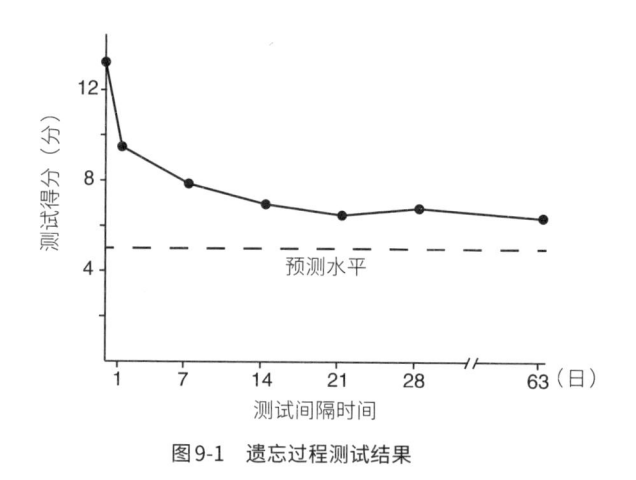

图9-1 遗忘过程测试结果

事实可能有各种遗忘曲线。它们的形状通常与斯皮策所发现的曲线相似，时间框架则可能会加快或减慢。当新材料特别困难时，比如说，你刚学会的新日语单词，遗忘曲线的时间段很可能是几小时而不是几天；记忆朋友生日派对细节所形成的遗忘曲线，很可能与斯皮策实验得到的遗忘曲线相似，但时间跨度可能是几个月而不是几天。

我们在前几章中介绍的"龙法则"和专门的助记法都是对抗遗忘的方法。在这里，我们将通过更仔细的研究记忆练习来扩大我们的选择范围。记忆练习是通过练习来强化记忆的"龙法则"。长期以来，记忆练习一直被认为是增强事实记忆的一种强大而可靠的方法，最近的一系列研究阐明了如何更好地运用它。

◆ 记忆练习的三种方法

假设你刚刚获得了一个新的、容易遗忘的事实：希腊记忆女神的名字——摩涅莫辛涅（Mnemosyne）。图9-2展示了三种不同的记忆练习方法，可以帮助你重温和强化对她名字的记忆。

回忆。最直接的方法就是回忆。我们就是用这种方法来学习许多触手可及的事实——朋友的名字、伴侣的生日、自动取款机的密码。每次我们回忆起这样的事实，记忆就会得到加强，久而久之，记忆就会变得坚如磐石。

识别。这种形式的记忆练习适用于参加SAT或MCAT（美国医学研究生院入学考试）的学生。当他们识别出正确答案时，事实记忆就会得到加强。

复习。第三种方法是通过重新学习材料来加深记忆。想想演说者在走上讲台前最后一次翻看笔记的情景。

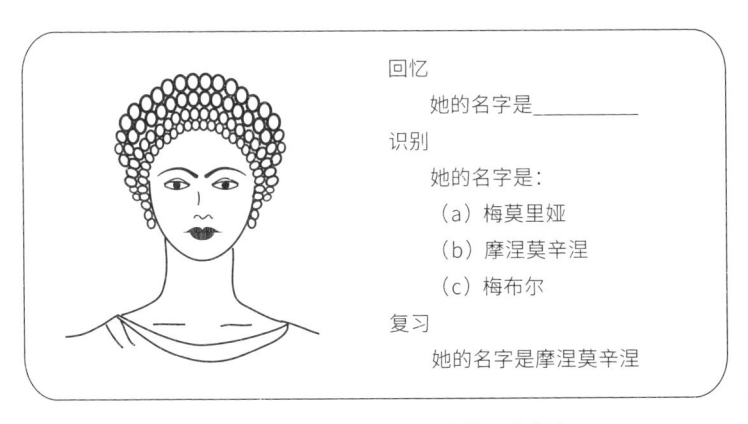

图9-2 增强记忆希腊女神名字的三种方法

当记忆科学家研究这些方法的有效性时，他们发现最佳方法取决于人们在练习后多久接受测试——即时测试效果最好的方法在延迟测试时并不是最好的。这一结论来自华盛顿大学（University of Washington）的研究人员亨利·罗迪格（Henry Roediger）和杰弗里·卡匹克（Jeffrey Karpicke）的一项研究。他们要求大学生阅读有关海獭等主题的短文。阅读结束后，研究人员给他们额外的时间复习，以便他们为将来的考试做准备。复习的方式可以是多次回顾材料（复习法），也可以是努力回忆他们所能记住的内容（回忆法）。接下来，研究人员将学生分成几组，在不同时间段对他们进行测试——有些人在5分钟后测试，有些人则在2天后或7天后测试。

结果如图9-3所示。练习结束后5分钟就进行测试，复习法的记忆得分高于回忆法。测试推迟2天或7天进行，回忆法的优势越来越明显。一周后，使用回忆法的学生的记忆力比使用复习法的学生高出38%。更长间隔时间的研究表明，在所有延迟记忆测试中，回忆法仍然是首选的练习策略。

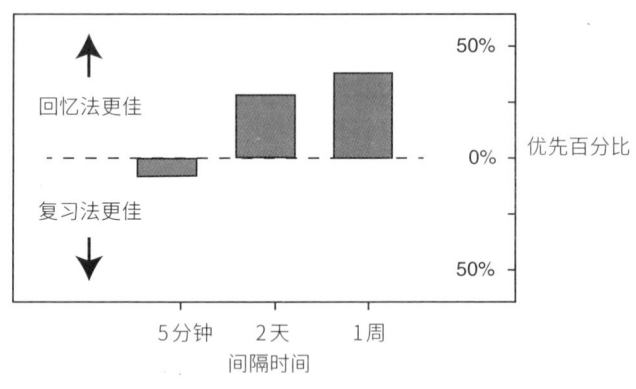

图9-3 回忆法与复习法比较测试

那识别法的效力如何？多项选择识别测试是加强记忆的有效方法——其好处与回忆法类似。但在正面比较中，回忆法通常更胜一筹：回忆测验不会像多项选择识别测试那样，有可能因为记住了一个错误的答案而学到错误的材料。

◆ 重复记忆练习

罗迪格和卡匹克只允许他们的学生做一次记忆练习，但大多数实际情况下会有更多的机会。要记住"摩涅莫辛涅"这个名字，即使是只保持几个星期，也可能需要多次练习。事实证明，如何练习与使用哪种记忆练习方式同样重要。假设你决定把"摩涅莫辛涅"这个名字练习5遍，那么，你必须决定是一次性练习，还是分5次练习。当我在第4章中介绍记忆练习时，我建议将练习的时间间隔拉长，并提出将多米尼克·奥布莱恩的"五法则"作为其中的一种方法：分别在1小时、1天、1周、2周和1个月后进行记忆练习。关于这样的间隔规则，我很快就会有更多的说明，但在此之前，请考虑一下将所有练习集中在一次训练中的替代方法。

有些学生就是这样为考试而学习的——在紧张的学习过程中，他们一遍又一遍地复习课本和笔记，直到他们觉得自己已经掌握了这些材料。当然，这就是"填鸭式"学习，是25%~50%的大学生所使用的主要学习方法。心理学家称这种形式的记忆练习为"集中练习"（massed practice），因为所有的练习都是在同一个时段里完成的。这种方法在短期内能产生良好的记忆效果，使许多学生避免糟糕的成绩。但它也有一个严重的缺点：它所带来的记忆提升是短暂的，学生很可能在考完试一周后，就发现自己再也记不起那些强塞进脑子里的材料了。一个不幸的事实是，大量的集中练习会导致长时记忆力下降。

这让我想到了关于记忆练习的一个要点：增强事实记忆的最佳方法取决于具体情况。这一点在图9-4的方框中做了总结。如果你需要为下周的会议演说等迫在眉睫的一次性活动牢固掌握相关材料，那就在活动开始前的几个小时内做最后的准备，并通过反复复习来熟悉材料，直到牢牢记住为止。使用这样的复习方法，比通过回忆进行练习所花费的脑力更少，而且能获得更强的即时记忆效果。但是，在这样做的时候，你必须充分认识到，你所掌握的事实只是暂时的——遗忘的速度可能很快，遗忘的范围也可能很广。如果这些材料对未来很有价值，那么最好的办法就是使用我即将介绍的"自我测试"（self-testing）的方法来回忆相关事实，并做间隔练习。这才是建立持久记忆的正确方法。

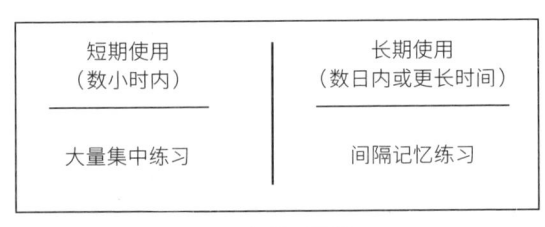

短期使用 （数小时内）	长期使用 （数日内或更长时间）
大量集中练习	间隔记忆练习

图9-4　记忆练习建议

两种策略当然不是相互排斥的。在实际情况中，比如重要的演说，使用回忆法和自我测试法分几次进行早期准备是有意义的。然后，在临近重要时刻之前，计划进行一次小型复习，重点是重读材料，而不是回忆材料。这就为现场的扎实表现和以后的良好记忆奠定了基础。这也是优秀学生从大学课程中获得最大收益的方式，既能在考试中取得好成绩，又能持久地掌握知识。

- **为什么间隔法回忆有效？**

加州大学洛杉矶分校的记忆科学家罗伯特·比约克（Robert Bjork）提出，间隔检索练习的好处来自两次练习之间的遗忘。如果你等到明天再练习回忆"摩涅莫辛涅"这个名字，它就不会像现在这样清晰，而是需要多花费一些脑力才能记住。比约克说，正是这种努力有益于记忆。他称之为"必要难度"(desirable difficulty),这看上去是通过检索练习获得长时记忆益处的基本要求。要是某个记忆仍然很容易被回忆起,那么练习它就没有什么好处;反之,要是你必须付出一些努力来记住它,你就会获得更持久的记忆力。

"必要难度"的概念解释了为什么在增强记忆力方面,回忆法要优于复习法。当你回忆一段信息时,比如"希腊记忆女神的名字是_____",你会花费精力在脑海中检索它,完成这一过程所付出的努力就把它转化成了未来更强的记忆。当你重读同一事实时,如"她的名字是摩涅莫辛涅",虽然唤醒了你的记忆,但你所付出的脑力劳动较少,因此持久性的记忆力强化程度也比较低。

那么,多大的难度才是必要的呢?如果我们谈论的是最大限度地提高长时记忆力,那么难度越大越好;即使你等了很久才做记忆练习,以至于你可能根本无法回忆起它,于是不得不重新学习。从长远来看,相比在较短时间内、较低难度下进行类似的记忆练习并成功地记住材料,高难度的经历可能会更有利于记忆。尽管如此,重新学习对我来说也是一种痛楚,我并不希望在练习记事实时等待太久,以至于磕磕绊绊总是记不起来。"五法则"就是将这一理念付诸行动的经验法则。这个法则的精髓是:在学习一个事实后不久,当记忆还能被唤起时,就开始进行记忆练习;当记忆变得更牢固时,再用更长的间隔时间进行额外的练习。比约克和他的同事托马斯·兰道尔(Thomas Landauer)把这种方法称为"扩展检索练习"(expanding retrieval practice)。如果你能很好地选择练习间隔,你就会一次次体验到"必要难度",并且很少出现记忆失败。这让你对自己的记忆力充满信心,不会因为失败而感到沮丧。专业记忆大师都赞同这种方法。

回想你要记住的材料是运用"扩展检索练习"的最佳指南。假设你想为网上银行账户设置一个更安全的密码,根据银行对超级安全密码的建议，你想到了"kRm-3bY"。这个密码的记忆难度很大，如果你想牢牢记住它，肯定需要间隔练习。初次学习后的第一次练习尤为重要，因为早期遗忘的速度非常快——我们从斯皮策的遗忘曲线中就能知道这一点。如何让新的记忆度过这段非常脆弱的时期，需要优先考虑。即使在早期练习中，适当的难度也很重要。如果第一次尝试回忆的间隔时间太短，记忆就会很容易浮现在脑海中，这样没什么好处；如果过了太久，当你发现记不起来时，你的自尊心又会受到伤害。这是一种"金凤花姑娘"①（Goldilocks）的情况——你既需要足够的"必要难度"，但又不能间隔太久。很容易分辨出是否等了太长时间，因为回忆失败就能说明这一点。但如何判断等待的时间"刚刚好"呢？这里有一个实用的判断方法。注意从开始搜索记忆到回想成功之间的时间差。如果你能察觉到滞后，哪怕是很小的滞后，就意味着你正在为之努力。"密码是……啊，kRm-3bY"，当你出现这样的体验时，说明你已经达到了"必要难度"的要求。如果检索需要你更努力地搜寻记忆，那效果就更好了。

"必要难度"的概念说明了为什么"五法则"是一条经验法则，而不是一项硬性规定。最好把它作为一个起点，根据材料的种类和保持时间的长短进行调整。当材料比较困难时，比如上述密码，就把间隔缩小；如果材料简单，则放宽间隔；如果需要保持很长时间，5次间隔可能不够。

- **为什么间隔法没有被普遍接受？**

尽管回忆法明显优于复习法，可学生们表示他们在学习时很少

---

① 金凤花姑娘，出自英国儿童故事《金凤花姑娘和三只熊》（*Goldilocks and The Three Bears*）。由于金凤花姑娘喜欢不冷不热的粥，不软不硬的椅子，总之是"刚刚好"的东西，因此后来人们常用"金凤花姑娘"来形容"刚刚好"。

使用这种方法。其中一个原因是，通过安排自我测试和回忆来进行练习的工作量其实更大。也有其他原因，对很多学生来说，回忆法似乎不如复习法有效。假设我们让大学生来回答以下问题：

两个不同班级的学生阅读了同一篇一页长的文章。在A班，学生们被要求在读完后尽可能多地写下他们所能记住的内容。在B班，学生在读完后有机会重新学习该段落。1周后，所有学生都接受了段落记忆测试。你认为哪个班的测试成绩更高？
（a）A班 （b）B班

当记忆研究者詹妮弗·麦凯布（Jennifer McCabe）向大学生提出类似问题时，她发现绝大多数学生都倾向于第二种策略，即重新学习，尽管众所周知，这种方法的效果不如回忆法。学生们为什么会答错呢？很可能他们是根据自己的经验来回答的。他们知道，当自己反复读完材料时，就会对自己的记忆充满信心，事实似乎清晰而准确。学生们在复习时，这些事实会迅速、轻松地出现在脑海中。而在自我测试中回忆事实时，情况并非总是如此——往往需要付出更多的努力才能让事实浮现在脑海中，因此它们看起来并不那么牢固。从学生的角度来看，重新学习能产生更好的学习效果似乎是显而易见的。罗伯特·比约克将这种情况称为复习后的"能力幻觉"（illusion of competence）。学生出于自信得出结论，以为自己对材料了如指掌，还期望几天后考试时也能有同样的掌握程度。然而事实上这是不可能的。在"填鸭式"学习过程中，同样的"能力幻觉"也在起作用，因为该情景下的材料让人感觉很安全，掌握得很牢固。虽然在复习时感觉确实如此，但如果认为自己已经形成了持久的记忆力，那就大错特错了。

"能力幻觉"颇具诱惑力，很容易误导人们错误地判断自己的记忆力强弱，而且会鼓励学生采用有损于长时记忆的学习方法。最好的防御方法是使用经过验证的记忆技巧，而不要根据此刻的记忆是否牢固来预测未来的记忆状态。

◆ 利用检索练习的力量

当你需要记住难以理解的事实类材料时，除了立即使用之外，还应该经常做检索练习。好的助记法可以减少你所需的练习量——通常是大幅减少，就算有了好的助记法，一些检索练习也会对你有所帮助。下面介绍几种方法。

- **阅读—背诵—复习**

只需一轮练习，就能帮助你厘清难懂的材料，并使其更容易掌握。例如，假设你正在阅读的一篇新闻报道了关于削减五角大楼开支的两个对立论点，你可以通过对自己进行即时的自我测试来确保牢牢记住这两个论点。你只需在读完一段后暂停，回忆一下材料，检查其准确性，然后继续阅读。研究人员马克·麦克丹尼尔和他的合作者通过让大学生做快速自我测试，证明了这种方法的好处。他们先阅读一段文字，然后大声说出自己所能记住的内容，然后再次复习这段文字作为检查。研究人员发现，与其他阅读两遍或做阅读笔记的学生相比，采用自我测试方案的学生对材料的记忆效果更胜一筹。在阅读一段棘手但重要的文章后，停下来进行自我测试，是提高你对该材料记忆力的一种简单而有效的方法。

- **与他人分享**

加强事实记忆的另一种方法是与他人谈论这些事实。微软创始人兼慈善家比尔·盖茨（Bill Gates）是一位兴趣广泛的读者。在一次电视采访中，他描述了自己如何经常与梅琳达（Melinda）讨论各种材料。他还开设了一个博客，评论自己阅读过的书籍。这些分享活动让他受益匪浅，帮助他能够检索和强化他认为具有启发性的观点，为留下持久记忆奠定基础。

● **自我测试**

尽管比尔·盖茨是这样说的，可你下周面临的是一场具有挑战性的生物考试，或者你正试图掌握工作中的新程序，你就需要一种更系统的方法，其中应包括间隔检索练习。一种有效的策略是使用自我测试的形式，可以提供一个线索，让你回忆起一个事实，然后就你的答案提供反馈。教科书中的学习问题或练习测试都可以提供这种方法，但到目前为止，最受学生欢迎的自我测试策略是"抽认卡"[①]（flashcard）——一项调查发现，2/3的学生使用过抽认卡，而且不只是大学生。从网络提供的抽认卡信息来看，商业化生产的抽认卡市场很大，而且利润丰厚。有帮助幼儿学习颜色和形状的抽认卡；有教授乘法和除法的抽认卡；有掌握化学、历史、文学和心理学的抽认卡；还有针对SAT、GRE（留学研究生入学考试）、MCAT和其他主要考试的抽认卡。与纸质版抽认卡构成竞争的是将自我测试搬到网络的电子版抽认卡。抽认卡——无论是纸质的还是电子的——为自我测试创造了近乎完美的理想化条件：你可以阅读记忆提示，尝试回忆信息，然后检查答案。

你可能会担心这种检索练习只会产生狭隘的、死记硬背式的学习，但已有证据并不认可这种担心。事实上，自我测试与一系列理想的教育结果呈正相关。它不仅有助于你对被测事实的记忆，还能

[①] 用作辅助教学（主要是在英语国家）的小卡片。抽认卡可以用来记录词汇、历史事件时间、公式等。

促进你对相关事实的记忆。通过更多的检索练习，学生能更好地将事实应用到新的情境中，他们也能更轻松地学习相关知识。例如，华盛顿大学的研究人员使用电子版抽认卡教一组学生如何将鸟类分为雀科、黄鹂科、燕科和其他鸟科。其他学生则在不先回忆答案的情况下，对鸟类及其分类进行相同次数的学习。使用检索练习的学生不仅能更准确地对所学鸟类进行分类，而且还能更好地猜测从未见过的鸟类的正确分类。

● SCRR法

SCRR这种方法可将抽认卡方法与各种印刷材料结合使用，无须准备专门的卡片。它可以让你快速为自我测试创造条件。SCRR这一缩写给出了其基本步骤：

分段（Segment）：将材料划分为若干主要观点。
线索（Cue）：为每个观点创建一条线索。
检索（Retrieve）：使用线索回忆观点。
复习（Review）：检查记忆的准确性。

为了展示这种方法的效果，我将其应用于图9-5所示的段落。首先，我确定了文中值得花精力记住的观点。下划线或高亮标记是我的偏好，在这段文字中我也是这样做的。我的标记越集中、越节制，就越容易找到真正有用的内容。接下来，我检查了我所标记的内容，并通过在空白处添加横线画出材料的主要观点。这里一定要有所选择，因为并不是所有的段落都有值得记住的观点。你要找的是那些非常重要的事实，为记住它们所付出的努力绝对是值得的。我在第一段文字上打了个"×"，表示跳过它，因为它没有通过筛选测试。然后，我在该段落的其余部分找到了两个主要观点，并在这些段落上做了标记。我为每个段落创建了一个记忆线索,并将其写在空白处。线索可以是一个词语、一个短语,甚至是一幅图画——任何与概念相关的东西都可以,只要足以提示它,但又不至于暴露它。每个片段就相当于一张抽认卡,线索就相当于其正面的内容。

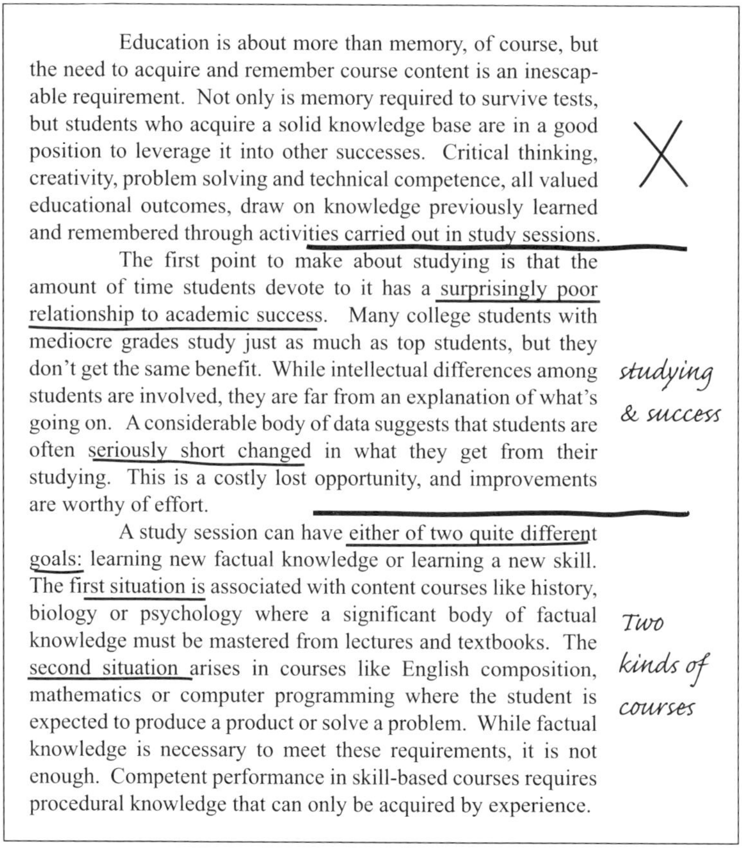

> Education is about more than memory, of course, but the need to acquire and remember course content is an inescapable requirement. Not only is memory required to survive tests, but students who acquire a solid knowledge base are in a good position to leverage it into other successes. Critical thinking, creativity, problem solving and technical competence, all valued educational outcomes, draw on knowledge previously learned and remembered through activities <u>carried out in study sessions.</u>
>   The first point to make about studying is that the amount of time students devote to it has a <u>surprisingly poor relationship to academic success</u>. Many college students with mediocre grades study just as much as top students, but they don't get the same benefit. While intellectual differences among students are involved, they are far from an explanation of what's going on. A considerable body of data suggests that students are often <u>seriously short changed</u> in what they get from their studying. This is a costly lost opportunity, and improvements are worthy of effort.
>   A study session can have <u>either of two quite different goals:</u> learning new factual knowledge or learning a new skill. <u>The first situation is</u> associated with content courses like history, biology or psychology where a significant body of factual knowledge must be mastered from lectures and textbooks. The <u>second situation</u> arises in courses like English composition, mathematics or computer programming where the student is expected to produce a product or solve a problem. While factual knowledge is necessary to meet these requirements, it is not enough. Competent performance in skill-based courses requires procedural knowledge that can only be acquired by experience.

右侧标注:
- ✗
- *studying & success*
- *Two kinds of courses*

图9-5 用下划线对材料进行分段并创建线索

有了这些线索之后,第一次自我测试就可以开始了。首先覆盖该段,只露出线索,然后回忆相关事实。最后一步是复习材料,这应该等到你对所有线索都能作出反应之后再进行，因为稍稍推迟复习步骤对记忆是有好处的。但复习步骤不能省略——研究表明，这种反馈会提高自我测试的有效性。

● **需要多少自我测试？**

教育当然不仅仅是记忆，但获取并记忆课程内容是不可避免的要求。记忆不仅是应对考试的必要条件，而且学生掌握了扎实的知识基础，就能在其他方面取得成功。批判性思维、创造力、解决问题的能力和技术能力，这些都是非常重要的教育成果，它们都是通过在学习课程中所开展的活动，并利用以前学习和记忆的知识综合获得的。

关于学习，首先要说明的是，在学习上投入时间与学业成绩这一关系上，学生之间的差距大到令人吃惊。许多成绩平平的大学生和成绩优秀的大学生一样努力学习，但前者并没有获得同样的收益。学生之间的智力差异固然与此有关，不过仅凭这一点远远不能说明问题所在。大量数据表明，学生从学习中所获得的东西，往往与其所付出的时间精力严重不匹配。这是一种代价高昂的机会损失，值得付出努力加以改进。

一堂课可以有两个截然不同的目标：学习新的事实性知识或学习新的技能。第一种情况与历史、生物或心理学等内容的课程有关，在这些课程中，必须从讲义和教科书中掌握大量的事实性知识；第二种情况出现在写作、数学或计算机编程等课程中，学生需要创作或解决问题。虽然事实性知识也是满足技能要求所必需的，但这还不够。在以技能为基础的课程中，合格的表现需要程序性知识，而程序性知识只能通过经验获得。

反复进行自我测试，直到你彻底掌握了相关材料。至少，你应该持续进行自我测试，直到你能完美地通过记忆线索记住 1 次，而且有证据表明，完美地通过3次自我测试，效果可能会更好。无论你是使用传统的抽认卡还是SCRR法，这条规则都适用。

在最初的学习之后，你可以决定还需要多少间隔练习，这取决于你希望将材料保持多长的记忆时间。在一项关于记忆详细学术信息的研究中，间隔1周进行5次额外练习，1个月后的保持率为63%，4个月后的保持率为48%。"五法则"所要求的1小时、1天、1周、2周和1个月的间隔，应该会产生大致相似的效果。要想获得更好的保持效果，你需要做更多的记忆练习。

- **组织事实**

我发现，将事实排列成某种组织结构有益于记忆练习，因为这有助于将事实联系起来。我更喜欢一种名为"思维导图"（mind mapping）的视觉方法，这是英国记忆力培训师托尼·布赞所倡导的一种技术。现有的研究表明，思维导图本身就能帮助记忆，但我发现将思维导图与检索练习结合起来使用，会有特殊的好处。为了说明这一点，我绘制了图9-6，以描述本章的关键事实。我首先将中心主题"保持事实"放在中心位置，然后为每个重要的主题添加了一条分支。随着每条分支向外移动，我又添加了一些新的分支来标识重要的概念。布赞建议用图画、颜色和装饰来美化思维导图，使其更令人难忘。

使用思维导图做记忆练习时，可将条目作为记忆线索，并回忆有关它们的细节。然后快速复习材料，检查其准确性。如果思维导图不太复杂，你可能会发现无须参考纸质副本就能记住思维导图本身。这样，你就可以同时对主干信息和分支信息做记忆练习了。

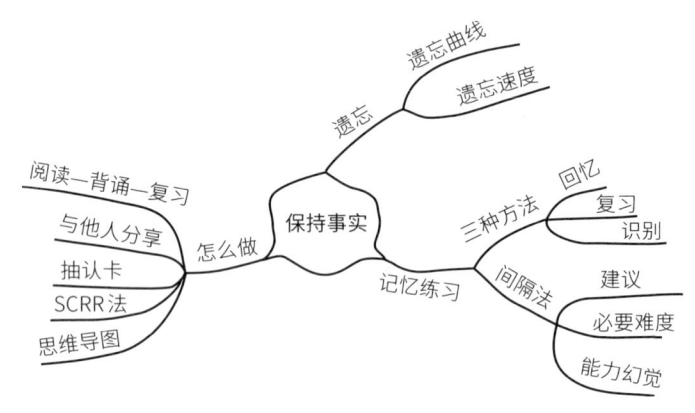

图9-6　本章主要观点的思维导图

● **永久记忆库**

我们在记忆中会长期保持一些事实。回想一下高中的历史课、地理课或科学课。如果花上1分钟，你肯定能从这些课程中找到多年未曾检索过的零星信息。俄亥俄卫斯理大学（Ohio Wesleyan University）的研究人员哈里·巴赫瑞克（Harry Bahrick）把这种长期保存的信息库称为"永久记忆库"（permastore）——全都是似乎逃脱了遗忘过程的信息。

巴赫瑞克在研究关于大学西班牙语课上所学信息的长时记忆时，提出了"永久记忆库"的概念。他招募了大约600名卫斯理大学的毕业生，他们离开学校的时间从几个月到50年不等。结果发现，大多数人在离校之后几乎没有使用过西班牙语，于是巴赫瑞克得以研究西班牙语课的学习效果是如何随着时间推移而变化的。图9-7是他对这些毕业生进行的西班牙语-英语词汇测试的结果。

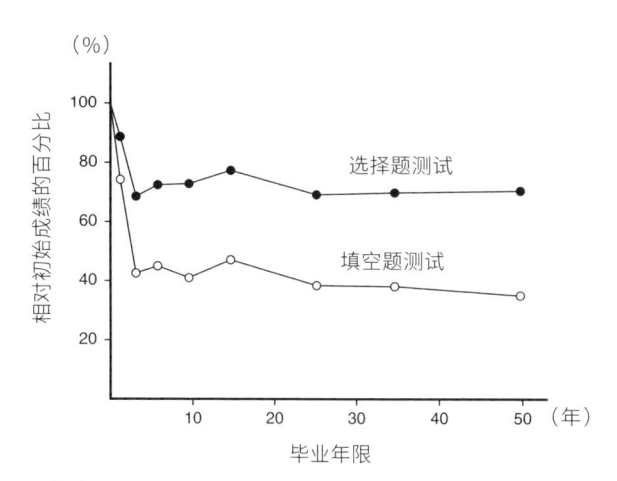

图9-7 本科期间上过西班牙语课程的测试者参加西班牙语词汇测试的结果

首先看看选择题测试的结果，请注意，它们长期稳定在学生最后一次西班牙语课成绩的70%左右。令人瞠目结舌的是，这条线在50年间保持相对平缓，这是一段非凡的知识稳定期。测试者改做填空题，也就是需要回忆答案而不是识别答案时，他们的成绩会有所下降，但同样会有一段平缓的保持期。两条曲线的差异表明，永久记忆的强度各不相同。选择题测试可以让测试者在回忆测试中答出记忆强度不够的知识——例如，他可能会在选项中正确选择"红发的"（redhead）作为"pelirrojo"的意思，但却无法凭空写出这个知识。

"永久记忆库"的共同点在于其稳定性——对于这些记忆来说，遗忘似乎被按下了暂停键。巴赫瑞克对"永久记忆库"的发现刚一开始是出乎意料的，自他的开创性工作以来，又有更多证据为这一概念提供了坚实的支持。对于数学知识、童年时期的街道名称和高中同学姓名来说，也有类似的"永久记忆库"。

事实是如何做到不被遗忘并成为"永久记忆库"一部分的呢？

巴赫瑞克对他的大量样本作了梳理，试图了解测试者的哪些特征与"永久记忆库"中的记忆数量有关。结果发现，有两个主要的预测因素。第一个因素是初始学习水平。在西班牙语课程中获得"A"的学生在巴赫瑞克测试中的成绩往往比获得"C"的学生高出50%。较强的初步学习能力有助于将更多的知识转化为永久知识。第二个因素是学生选修西班牙语相关课程的数量。每一门额外的课程不仅向学生传授了新的知识，还为他们提供了练习以前课程所学知识的机会——外语课不同于许多学术科目，它提供了对以前所学材料做间隔检索练习的机会。这种额外的练习效果会在"永久记忆库"中显示出来。其他方面，若是有定期练习的机会，也能形成大量的"永久记忆库"。一个显著的例子就是对高中同学姓名的记忆。巴赫瑞克发现，即使过了35年，人们仍能将毕业照上的同学与其姓名对上号，准确率几乎达到90%。他将这一令人印象深刻的记忆力归功于高中时期的记忆练习机会。

巴赫瑞克测试的记忆保持曲线显示，大部分遗忘发生在最初几年，因为较弱的记忆会逐渐消失。他认为，一旦记忆熬过了最初的3~5年，它们就拥有了"永久记忆库"中的一席之地，并可以稳定数十年。巴赫瑞克的大量研究给我们带来的启示是，扎实的初始学习加上间隔检索练习，可以让新学习的知识成功度过容易丢失的一段关键时期，成为永久记忆。

◆ 最后的思考

当重要的事实需要帮助才能记住时，记忆艺术实践者有两种选择。第一种是改进记忆中对事实的编码方式。这始终是一个有用的起点，我们已经介绍过从"龙法则"开始的各种方法。一旦建立了记忆，第二种方法就可以发挥作用，即通过练习来加强记忆。这两种方法相辅相成，是对抗遗忘的有力方法，有时甚至可以形成"永久记忆库"。

◆ 记忆实验室：押韵作为记忆辅助工具

长期以来，押韵一直被用作记忆辅助工具。关于韵律和节奏，我将在第13章中详细论述。我在这里请大家尝试两种押韵助记法，以获得使用这种方法的经验。

首先来看一首赞美间隔检索练习优点的押韵诗：

亨　利
从前有个男孩叫亨利
他想提高自己的记忆
针对材料他反复练习
隔段时间就练习一次
大家称赞亨利好记忆

接着，用短语来帮助记住SCRR法：

分段、线索、检索、复习

当你练习押韵诗时，试着用有节奏的方式，比如，"从前有个男孩——叫亨利/他想提高自己——的记忆/……"你会发现，夸张的节奏使押韵诗更容易被记住。

视觉助记法在这里很有用，我的建议如图9-8所示。在亨利的卡通形象上显示出了记忆线索，衣服上的字母"H"（亨利"Henry"的首字母线索）和一个表示"停止"（STOP）的标志牌（SCRR法的第一个单词"segment"的首字母线索为"S")。我还在图片上添加了一个哑铃,以提示"五法则"(左边的数字"5")和"必要难度"(右边的字母"DD")在增强记忆力方面的联系。要记住亨利图像所提示的信息,你需要对这些信息做间隔检索练习,考虑设计一个练习时间表,并评估其效果。

图9-8 提高事实记忆效力的助记法

第 10 章
记数字

2005年11月20日，来自中国陕西省咸阳市杨陵区23岁的吕超凭记忆背诵出圆周率小数点后的67 890位数字，打破了之前的纪录，并因此被载入《吉尼斯世界纪录大全》。在本书出版时，他仍是该项世界纪录的保持者。

吕超的灵感来自一个事实，在他尝试背诵圆周率之前，一个日本人保持着这一项目的世界纪录，这让他很不舒服。他说："是中国古代数学家祖冲之发现了圆周率。中国人应该赢得圆周率背诵比赛。"他从2004年开始为打破纪录而认真训练，每天持续3~5小时，有时长达10小时。据他估计，比赛前一年里的准备时间长达1 300小时。这是极其艰巨的任务——他曾被失眠、沮丧甚至脱发所困扰。

吕超在开始执行破纪录的计划时，希望尝试背诵出9万个数字。创造纪录的要求苛刻，他需要当着评委的面清楚地报出每一个数字，这件事本身也是一个相当艰苦的过程。根据吉尼斯的规定，连续说出两个数字的间隔不能超过15秒，因此中途不能吃饭和上厕所。24小时4分后，在背到第67 891位数字时，他错误地说出了"5"，而不是"0"，结束了这次艰巨的任务。最终，吕超成功地连续无差错背诵出67 890位数字，并创造了新的吉尼斯纪录。

吕超的成功最令人着迷和惊讶的一点是，他其实并不具备非同寻常的记忆能力。在创造纪录数年后，也就是他27岁时，他与中国和美国的心理学家合作，参加了一系列涉及数字和文字的记忆测试。专家们得出的结论是，吕超的记忆能力完全在正常范围之内。他的非凡成就，完全得益于记忆技巧和不懈努力。

吕超的纪录给人留下深刻印象，不仅是因为他记住了大量的内容，还因为他的成就涉及数字，而数字类记忆材料似乎特别容易被遗忘。数字是平淡、抽象和不起眼的。圆周率是寻求无穷无尽的无意义数字的最佳来源，因为它可以计算到小数点后任意多位。要记住这些数字，唯一实用的方法就是依靠正确的助记法。在本章中，我们将看到从简单到复杂的各种记忆数字的方法，包括吕超所使用的方法。

不过，在这之前，你可能会问，为什么有人要费心学习记忆数字的方法呢？我猜你和我一样，对挑战吕超的纪录没有丝毫兴趣。如今，我们已经很少需要在自己的记忆中存储数字了。电话号码、目录号、地址，还有前往目的地的地图，都被我们保存在电子设备中了。偶尔有必须保留的新号码，你也可以记在纸上或保存在手机上。

那么，记住数字有什么好处呢？我们知道，对其他材料的助记法也有实用价值——它们可以增强你记姓名和记事实的能力，还可以改善你对未来行动的前瞻性记忆。可是，记数字却是另一回事，花费精力去记数字真的是一项好的投资吗？当然，这必须由你自己来决定，但我的看法是积极的。

事实上，数字为记忆艺术实践者提供了一个小而有益的挑战。你只需要短暂地集中精力，就能记住大多数数字。当你运用记忆策略将一个平淡无奇的数字转化为一个易于记忆的实体时，这项简短的任务会调动你最高级、最复杂的心智能力——注意力、工作记忆和自上而下的控制力。当你稍后成功地回忆起这个数字时，你可以当之无愧地为自己感到高兴。这是你本可以轻松避免，却刻意选择参与的记忆训练。就像那些不坐电梯改走楼梯的人一样，记忆大师选择依靠自己的心智资源，拒绝一切外部记忆辅助工具。作为回报，他们得到了原本得不到的锻炼。我建议各位将记忆技巧应用到数字上，你们可以为了挑战、心理锻炼或个人满足感而去做这件事，并让记住数字的实际好处成为额外的收获。

◆ 三种记数字的简单方法

记住数字的关键在于找到一种方法，让这些抽象之物变得具体而令人难忘。有时，并不需要做太多就能实现这个目标。

● **寻找规律**

我们通常想当然地认为数字是没有意义的，因此不会仔细观察它们。像279-9980这样的电话号码看似某个杂乱无章的数字，但如果你稍加尝试，有时会发现有趣的增强记忆的特征。这就是"寻找规律"方法的精髓所在——你要仔细观察这个数字，并试图从中发现一些有意义的东西。

如果数字很长，通常最好把注意力集中在2个、3个或4个数字上。你可能会发现一个数字序列，3456；或一个年份，1492；或奇数或偶数的模式，1357；或某人的生日，614→6月14日；或一个完全平方数，625；或一个令人愉悦的对称数字，383；或一个数学关系，257→2 + 5 = 7；或一个家庭成员的年龄，36；或重复数字，4466；或一个电话区号，206；或一个熟悉的门牌号码，1600。

现在让我们回过头来看看那个电话号码279-9980，你能从中发现什么吗？人们所发现的数字之间的规律和联系是高度个性化的，因此答案没有对错之分。以下是我的发现。首先，我注意到所有的9——不仅有3个连续的9，而且前两个数字2和7加起来也是9。我还发现前3位数是递增的（279），而后4位数是递减的（9980）。我还注意到9 × 9 = 81，这对第2组数字来说几乎可行，但不完全可行。

有了这些观察结果，我还需要补充什么来记住这个数字呢？如果我计划在几小时内使用它，我可能不需要其他方法。在那之前，我的联想能力应该能让我记住这个号码。如果我想记得更久，或者感觉这个数字不容易掌握，我可能需要做一些记忆练习，在练习中回想我所找到的规律。

这种方法还有一个重要的好处。虽然找到与数字相关的规律或其他联系是我们的目标，但在寻找过程中所进行的深度处理也很有价值。这意味着，即使你一无所获，找不到关于这个数字的任何特别之处，你也可能会发现，通过你的努力，这个数字已经牢牢地留在了你的记忆中。通过专注于数字并从各个角度观察它以找到其规律，你就能激活大脑，从而留下对数字本身的记忆。

- **数字离合诗**

将数字转化为有意义的实体的另一种方法是使用经过改良的离合诗。在这种应用中，记忆线索是句子中每个单词的字母数。例如，密码是6327。你可以通过"汤姆王子很富有"（Prince Tom is wealthy）这句话记住它。单词的长度给出了数字——Prince（6）Tom（3）is（2）wealthy（7）。由于这个句子很有意义，所以比较容易记住。这里再举一个例子，特别适合那些可能用到圆周率的人，它是提示其8个数值（3.1415926）的一句话："我多么希望能轻松列出π。"（How I wish I could enumerate pi easily.）

0的编码对于离合诗策略来说是个问题，但可行的解决方案是让任何以"z"开头的单词代表0。因此，3306可以编码为"狗欢快地玩耍"（The dog zestfully played）。另一个无解的问题是，并不是所有的数字都能变成句子（试试9119）。不过，在大多数情况下，修改后的首字母缩略词是一种有用的助记法，可以让你长久记住重要的数字。

- **数形结合**

想象是赋予数字所缺少的具体含义的另一种方法，这种方法至少可以追溯到 17 世纪。其中一种方法是利用与特定数字形状有些相似的具体物体。

一些可能的例子如下：

0：球、车轮、地球仪
1：蜡烛、火箭、铅笔
2：天鹅、镰刀、鸭子
3：手铐、双下巴、乳房
4：船帆、三角旗、斧头
5：海马、S 形钩、蛇
6：高尔夫球杆、大象的鼻子、樱桃
7：回旋镖、悬崖边、撬棍
8：雪人、沙漏、眼镜
9：气球、网球拍、精子

你可以想象一只大海马坐在副驾驶座位上，用这种方法记住你把车停在了停车场的 5 楼。至于本月 26 日下午 3 点的牙医预约，你可以想象一只天鹅拿着高尔夫球杆，向戴着手铐的牙医收费。数形结合法最适合记忆一位数和两位数。

◆ 记日历

将数形结合派上大用场的应用程序是"心理日历"。它的原理是，如果你知道某个月第一个星期天的日期，就能计算出该月其他任意一天是星期几。如果你知道 12 个星期天，你就有了一年的"心理日历"。下面我介绍具体要如何操作。假设我想知道我妻子的生日 8 月 27 日是星期几，用我的这个方法思考，我记得今年 8 月的第一个星期天是 8 月 3 日。3 个星期后就是 8 月 24 日（21 + 3 = 24），所以我知道她的生日在星期三（27 = 24 + 3）。或者，我可能想知道 6 月第 2 个星期二的日期，届时我所在的某个委员会将举行会议。我知道 6 月的第 1 个星期天是 6 月 1 日，所以我计算出第 1 个星期二是 6 月 3 日（1 + 2 = 3），因此第 2 个星期二就是 6 月 10 日（3 + 7 = 10）。

要使用这种方法，你需要记住一整年的 12 个星期日。为此，我设计了代表月份的图像，以便与代表当日的数字形状联系起来。月份图像由个人选择，以下是一些可能的选择：

1 月——新年宝宝
2 月——丘比特
3 月——狮子
4 月——傻瓜

我将每个月份的图像与相应日的数字形状图像联系起来。例如，2014 年 1 月的第 1 个星期日是 1 月 5 日，所以我想象出"新年宝宝骑着海马"的画面。2 月的第 1 个周日是 2 月 2 日，所以，图像可以是"丘比特正在喂一群天鹅"。只要偶尔练习一下，这些画面就会随时出现。和其他日历一样，当一年即将结束时，我必须为来年更换"心理日历"。我保留相同月份的图像，但会利用其他数字形状作为线索，创建不同于去年的新视觉图像。为了将不同年份的图像区分开来，我为这一年选择了一种独特的颜色，并将其运用到每幅图像中。今年，我所有的日历图像都有明显的红色元素，如新年图像中的红色海马和 2 月图像中的红色天鹅。明年的图片可以采用蓝色元素。颜色增加了一个有用的检索线索，减少了混淆不同年份图像的可能。

◆ 如何记忆数字：主要系统法

现在我们来看看一种堪称工业级工具的数字助记法。这个古老而行之有效的方法被称为"主要系统法"（major system），也可称为"语音法"（phonetic system）、"数字-音节法"（number-syllable technique）、"数字-辅音法"（digit-consonant mnemonic）和"数字-读音法"（digit-to-sound system）。早在1648年，心理学家艾伦·派维奥（Allan Paivio）就提出了这种方法的雏形，后来的记忆学家对其作了改进，直到19世纪中叶形成了现在的版本。这一强大的技巧得到了几代记忆大师的认可，至今仍以各种形式被记忆表演者和记忆比赛选手广泛使用。

"主要系统法"是一种将数字转化为有意义的词语的方法。这是通过只使用辅音的编码来实现的，这种编码可以将特定的声音与特定的数字联系起来。例如，"t"和"d"代表数字"1"。元音和不发声的辅音没有数字含义，因此可以根据需要添加它们，以组成单词。这意味着数字"1"可以用多种方式表示："tie"（领带）、"doe"（雌鹿）或"dough"（生面团）。在每种情况下，抽象的数字都会转化为有形的实体，从而大大提高了数字的可记忆性。像"11"这样的两位数，可以用"tot"（幼儿）、"tide"（潮汐）、"dad"（爸爸）或"duty"（责任）等带有2个t/d发音的单词来表示。

如表10-1所示，每个数字都与特定的读音相关联。此外，表中还列出了这些编码的基本规则，可以帮助记忆，并说明了如何使用这些编码。

表 10-1 "主要系统法"的"数字-读音"编码规则

数字	读音	辅助记忆
0	z，s，轻音 c	"zero"
1	t，d	各有 1 竖
2	n	2 竖
3	m	3 竖
4	r	"four"
5	L	L 在罗马数字里表示 50
6	j，sh，ch，轻音 g	g 翻转后与 6 相似
7	k，q，重音 c 或 g	想象由两个 7 组成的 k
8	f，v	f 的手写体像 8
9	p，b	p 翻转成 9，b 旋转成 9

"数字-读音"编码规则：
• 没有列出的读音——元音和 h，w，y——可以随意用来组成单词，但没有数字意义（例如，"hat"表示"1"，woods 表示"10"）
• 当辅音不发音时，它也没有数字意义（例如，"lamb"表示"53"，"knife"表示"28"）
• 当重复的辅音只读出单音时，只表示 1 个数字（例如，"mummy"表示"33"）
• 不使用字母 x

为了解编码，请尝试解码以下代表两位数的单词：

bell，coin，chef，lily

再试试用单词来编码以下数字：

41，19，47，35

从英制单位到公制单位的换算说明了三位数的表示方法：

1英寸 = 25.4毫米（kneeler）
1英里 = 1.61千米（dashed）
1磅 = 0.454千克（roller）

原则上，任何数字都可以用这一系统转换成具体的词语。记忆专家哈里·洛雷恩和杰瑞·卢卡斯为了展示这种可能性，就用"a beautiful naked blonde jumps up and down"（一位美丽的裸体金发女郎上蹿下跳）这句话来编码二十位数字9185-2719-5216-3909-2112。事实上，可用这种令人难忘的方法表示的长数字并不多见，即使有，也需要投入大量时间才能发现。这就是为什么"主要系统法"最常见的使用方式是将一个长数字先分成一位数或两位数的数块，再用助记词对每个数块进行编码。

假设你想用这种方法记住电话号码279-9980。首先，你要把它分成几个数块：2 + 79 + 99 + 80。然后，从记忆中找出这些数块所对应的助记词——所有这些助记词的列表见表10-2。结果是：hen（2）+ cop（79）+ baby（99）+ fuzz（80）。为了将它们结合在一起，你需要编造一个故事并将其形象化：一只母鸡（hen）打扮成警察（cop），正焦急地照看着一个婴儿（baby），这时飘来一团绒毛（fuzz）。

表10-2 "主要系统法"的110个助记词

0：zoo	12：tin	34：mower	56：leech	78：cave
1：tie	13：tomb	35：mule	57：log	79：cop
2：hen	14：tire	36：match	58：lava	80：fuzz
3：ma	15：towel	37：mug	59：lip	81：foot
4：rye	16：tissue	38：movie	60：cheese	82：fan
5：law	17：tack	39：mop	61：chute	83：foam
6：shoe	18：taffy	40：rose	62：chain	84：fur
7：cow	19：tub	41：rat	63：chum	85：filly
8：ivy	20：nose	42：rain	64：chair	86：fish
9：bee	21：net	43：ram	65：cello	87：fog
00：sauce	22：nun	44：rower	66：choo-choo	88：five
01：suit	23：name	45：roll	67：chalk	89：fob
02：sun	24：Nero	46：roach	68：chef	90：bus
03：sum	25：nail	47：rock	69：chip	91：bat
04：seer	26：notch	48：roof	70：case	92：bone
05：sail	27：neck	49：rope	71：cot	93：bum
06：sash	28：navy	50：lace	72：coin	94：bear
07：sock	29：knob	51：lad	73：comb	95：bell
08：safe	30：mouse	52：lion	74：car	96：beach
09：soap	31：mat	53：lamb	75：coal	97：book
10：toes	32：moon	54：lure	76：cage	98：beef
11：tot	33：mummy	55：lily	77：cake	99：baby

"主要系统法"非常灵活，几乎可以用于任何需要记住数字的场景。例如，我有一把密码挂锁，一年最多也就用一次，多年来我一直借助这样的场景来记忆密码（3-24-36）：一位卡通形象的妈妈

(ma)挥舞着煎锅追赶尼禄(Nero),他正拿着一根火柴(match)冲向罗马放火。为了记住我26日下午3点钟的牙医预约,我会想象"他邪恶地笑着,露出门牙之间的一个大豁口(notch),而他正在为一位卡通形象的妈妈(ma)看牙"。如果我看到松树街6541号一家新餐馆的广告,我就会想象"一位大提琴手(cello)坐在松树上,专心地为一只大老鼠(rat)演奏"。

研究人员发现,只要大学生能够熟练使用助记词,并且不急于求成,"主要系统法"就能提高他们对数字的记忆力。加里·帕顿(Gary Patton)和他的合作者给学生们上了一堂简短的"主要系统法"培训课,然后要求他们记住20个两位数。一些学生得到了标准助记词,另一些学生则被要求自己创造助记词。结果发现,那些获得了标准助记词的学生的成绩比没有获得的学生更好。这让研究人员感到惊讶,因为通常情况下,自创助记词比使用别人的助记词更好,不过其他研究也证实了帕顿的发现。因此,我们的经验是,计划使用这种方法的人应该记住一套表示数字0~99的标准助记词,而不是试图当场创造一些自己专属的助记词。

通过认真练习,"主要系统法"可以帮助你形成真正令人印象深刻的数字记忆力。杨百翰大学(Brigham Young University)的记忆大师兼记忆研究员肯尼斯·希格比为4名学生教授"主要系统法",并让他们进行了40个小时的数字记忆练习。之后,有3人在看到一个50位数后的3分钟内,就能正确地记住这个数。第4名学生的最好成绩是记住50位数中的42位。俄亥俄大学(Ohio University)的研究员弗朗西斯·贝勒扎(Francis Bellezza)也是一位记忆大师,他教会一名学生使用"主要系统法",并与她一起练习记忆在计算机屏幕上只出现一次的一长串数字。她在超过1年的时间里,练习了约100个小时,她可以记住80位数字,准确率达到99%。

这些努力表明了大量练习所带来的可能性,但"主要系统法"

在现实世界中的应用并不需要这种程度的训练和投入。毕竟，你在何种情境下会想要记住80位数字呢？对于我们日常生活中所遇到的各种数字，例如门牌号码、电话号码、身份证号码、信用卡号码、价格、测量值、产品编号、日期和时间等，只需要掌握基本的"主要系统法"就足够了。你可以在本章的"记忆实验室"部分找到如何快速掌握该方法的建议。

● 变 体

记忆力竞赛选手对"主要系统法"作了改进，以便在记忆力竞赛中使用。这些创新被形容为竞争者之间的"军备竞赛"，即寻找更快、更有效的编码记忆信息的方法。英国顶级记忆大师本·普里德莫尔（Ben Pridmore）用一个扩展的主要系统来记忆数字和日期，该系统为0~1 000的数字单独编码。它的优势在于，一个长数字可以被分割成多个三位数块，再记忆由其组成的序列，而不是像"主要系统法"那样以两位数块来记忆。这样，普里德莫尔在试图记住一个长数字时，就可以减少所需要处理的图像数量。当然，缺点是他的系统需要大量记忆练习才能被有效使用。在2008年的世界记忆锦标赛上，普里德莫尔在1个小时内记住了1 800个数字。

多米尼克·奥布莱恩是八届世界冠军得主，他开发了一种以人物编码数字的"主要系统法"变体——他将不同的人与0~99之间的数字联系起来。每个人还与一个特征动作联系起来，例如，"13"代表"阿尔·卡彭（Al Capone）携带一瓶酒"，"15"代表"阿尔伯特·爱因斯坦（Albert Einstein）在黑板上写字"。这个系统的巧妙之处在于，它可以只用1个图像来编码1个四位数。假设奥布莱恩想记住"1315"。他想象阿尔·卡彭（13）在黑板上写字（15）。通过将前两位数中的人物和后两位数中的动作结合起来，他就能用"主要系统法"所需的一半图像记住一个长数字。像奥布莱恩和普里德莫尔所使用的变体助记法，对于意志坚定的记忆力竞赛选手来说是有意义的。因为他们可以证明，要熟练掌握和使用这些变体助记法，需要付出奥林匹克运动员般的努力。但是，对于业余记忆爱好者来说，这些系统只能远远地欣赏。

● **吕超所使用的变体**

吕超记忆67 890位数字的方法与"主要系统法"类似。他在背诵圆周率时，每次以10个数字为1组，再将每组数字分成两位数的小块。然后，他使用自己为0~99所建立的一组编码，并将每组数字编码成一个具体的单词。他用每10位数字所对应的助记词编织成一个生动的故事。下面是他用来表示圆周率小数点后10位数的编码："一朵玫瑰花（14：rose）被一只鹦鹉（15：parrot）咬下了一瓣，送到了一名战士（92：soldier）那里，他正在牛棚（65：cow house）里抽烟（35：cigarette）。"而且，他把每个故事都以某种方式与之前和之后的故事相连，由此形成了长长的叙事链。虽然这个系统原则上很简单，但管理大量的故事需要付出艰辛的记忆练习。

吕超的策略为他记忆数字提供了两个重要的辅助工具。首先，他把数字变成了记忆系统可以轻松记忆的对象——具体的、形象的、有意义的事物。他所创建的0~99的助记词就做到了这一点。其次，将这些助记词组合在一起，这样他就能按照正确的顺序从记忆中检索出来，这就是他创作故事的动机。这种双管齐下的方法，一方面侧重于对单个记忆项编码，另一方面侧重于有效组织它们。这也是其他强大助记法的共同特点，其中最著名的是我将在第14章中介绍的"记忆宫殿"。

◆ 最后的思考

我们在生活中会遇到各种数字，其重要性各不相同，其中有些数字当然应该牢牢地记住，但不是死记硬背。不过，还有许多针对数字的记忆策略是可行的。诚然，如果你做错了，不得不倒回去找数字，那么你的自尊心可能会受到打击。但这种可能性也确实会激励你真正努力地去做记忆练习，并在这个过程中提高你的记忆技能。记住，在这个过程中，你将锻炼自己的高级思维能力，依靠自己的心智资源而不是外部设备。这些都是与智力最密切相关的认知过程，适用于各种智力挑战。

开始学习记数字的最佳方法是练习寻找规律的技巧。如果数字不是太长，而且在不久的将来就会用到，那么这种策略就能让你牢牢记住它。在一些特殊情况下，离合诗和数形结合的方法也很有用。要想取得更大的进步，一个认真的记忆艺术实践者应该考虑学习"主要系统法"。可以肯定的是，这不是在公园里散步，但对于一个记忆艺术初学者来说，这是可以做到的。你可能会发现，就像我一样，掌握这样一套强大的系统方法是一件极具成就感的事情，而且它还能让你感觉自己可与几个世纪以来的记忆大师们并肩而立。

◆ 记忆实验室：如何掌握"主要系统法"

在这里，我们将学习使用"主要系统法"所必需的110个助记词。第一步是掌握本章前面给出的与每个数字相关的读音。"撒旦可能喜欢咖啡、馅饼"（Satan may relish coffee pie）这个句子就是一条记忆线索，它的译码是"0123456789"。视觉图像如图10-1所示。

在记住"数字-读音"规则后，你就可以开始学习110个助记词了。表10-2列出了我所使用的一组编码。如果你不喜欢某个单词或觉得它很难记住，可以想一个更好的单词来编码相同的数字。网上资源可以为特定的数字推荐助记词——尝试搜索"'主要系统法'助记词生成器"（major system word generator）。

学习这么长的单词表的最佳方法是分块学习。从头10个单词开始，当你能轻松背诵时，再学习接下来的10个单词。每学完1组，都要检查一遍前面的单词，确保你还能记住它们。你会发现辅音的提示非常有用。如果其中一个单词给你带来麻烦，就用另一个你熟悉的单词代替。在这一阶段，你所要做到的是能够按顺序背出这110个单词。

图10-1 用"主要系统法"编码"0123456789"的视觉图像

接下来，以随机顺序练习这些单词，这样你就能迅速为任意一对数字找到正确配对的单词。抽认卡是完成这项工作的一种有效方法。此外，还有一些在线网站和手机应用程序可以帮助你练习编码助记词，在互联网上搜索"'主要系统法'记忆训练"（major system memory training）即可找到。坚持运用"五法则"间隔练习，直到你能轻松掌握所有助记词为止。你要做好准备，寻找机会，将这些努力付诸实践。还有一个额外的好处：在你难以入睡的夜晚，只要复习一下这110个助记词就可以安然入梦："zoo……tie……hen……ma……zzzzz……"

第 11 章
记技能

　　站在意式浓缩咖啡机后面的咖啡师看了看下一个杯子上的订单信息,顾客点了中杯的香草拿铁咖啡。咖啡师开始制作:往杯中加入适量的无糖香草香精;研磨咖啡并压实;用咖啡机冲好双倍浓度的浓缩咖啡,与无糖香草香精混合;将适量的脱脂牛奶倒入金属杯中,然后是关键的一步,将蒸汽棒没入装有牛奶的金属杯,使其温度达到150℉,这样才能打发奶泡;最后,将牛奶倒入咖啡杯中,并利用奶泡制作拉花。完成这些步骤,盖上盖子后,香草拿铁咖啡就可以让顾客取走了。咖啡师接着制作下一杯咖啡。在这家繁忙的咖啡店,有时她1小时就要制作100杯咖啡。

　　然而这个订单并没有完成。"抱歉,"顾客喊道,"这杯拿铁咖啡不够热。"咖啡师可能对此心存疑虑——她的设备做过精心维护,以确保温度恰到好处。事实上,与其说顾客抱怨的是咖啡的温度,不如说是在抱怨咖啡师的"伶牙俐齿"。如果她意识到了这一点,就不会表现出来,因为她所接受的培训已经开始发挥作用。在与顾客建立眼神交流后,她开始"纠正错误"。如果她是一名经验不足的咖啡师,她可能会想起星巴克店员应对不愉快顾客的5条原则,缩略词为"LATTE":倾听(Listen)、确认(Acknowledge)、采取行动(Take action)、感谢顾客(Thank the customer)、解释可能造成该问题的原因(Explain what might have caused the problem)。但她不需要缩略词:她经验丰富,知道该如何应对顾客的问题,而且处理得很顺利。

　　咖啡师的工作讲究技巧,不仅要掌握操作设备所需的技能,还要掌握与顾客交流的认知技能和待人接物的技巧,这样才能让顾客愿意再次光临。咖啡师和我们每个人一样，拥有远远超出其工作范围的广泛技能，这些技能决定了她的为人。技能为我们提供了实现目标的高效、可预测的方法。当我们准备饭菜、驾驶汽车、使用电脑和体育锻炼时，技能就在发挥作用。它们是外科医生的技术、股票经纪人的建议和政治家决策的核心。正如我们在第1章中所看到的那样，技能依赖于一种特殊的记忆形式，它不同于我们对事实和个人经历的记忆。当你询问技能娴熟的人，想要研究他们是如何做到这一点的时候，你就会发现：他们往往无法给出令人满意的解释，因为他们的技能是他们无法用语言表达的。

◆ 如何获得技能

下文再次展示了第1章中所描述的长时记忆系统，如图11-1所示，其中大部分都与技能的学习有关。咖啡师通过观察培训师的示范来学习制作拿铁咖啡的技巧，这种经历给她留下了如何制作拿铁咖啡的记忆。大多数技能都是这样开始的：通过获得基本知识，并将其作为外显记忆保留下来。她还知道一些关于拿铁咖啡的知识——不同的品种、不同的规格、她的最爱——这些都是她在成为一名正式咖啡师之前学到的。起初，她依靠的就是这些显性知识。事实上，如果我们仔细观察她调制第一杯拿铁咖啡的过程，就会发现她的嘴唇在微微嚅动，她在回忆培训师向她展示的细节，在脑海中自言自语。这些都是缓慢、低效的制作过程，需要她保持专注，将心智资源完全投入每一个步骤中。

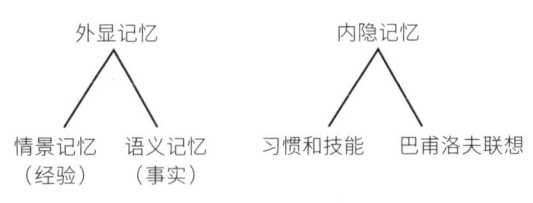

```
        外显记忆              内隐记忆
        /    \                /     \
   情景记忆  语义记忆      习惯和技能  巴甫洛夫联想
   （经验） （事实）
```

图11-1 长时记忆

随着咖啡师完成更多的拿铁咖啡制作，我们会发现她的进步很快。每次她成功完成全部操作后，行为模式就会作为技能记忆得到强化。这是一个专门用于执行高效动作以实现特定目标的系统。与外显记忆系统不同，技能记忆是逐步建立的，每次成功都会有所加强，如图11-2所示。我们可以将其视为一系列微小的进步，比如更灵巧地使用蒸汽棒或更顺畅地拉花。她的另一种能力还会以不那么明显的方式得到提高，那就是学会关注重要的事情——在打发牛奶以获得适量泡沫时需要注意什么，以及如何判断咖啡的质量。这些感知技能与操作机器的动作技能同等重要。每进步一点，这项技能就会在她的内隐记忆系统中得到更好的巩固，而不再那么依赖于她的显性的、有意识的知识。她从"知道做什么"（显性知识）提升为"知道如何做"（技能）。

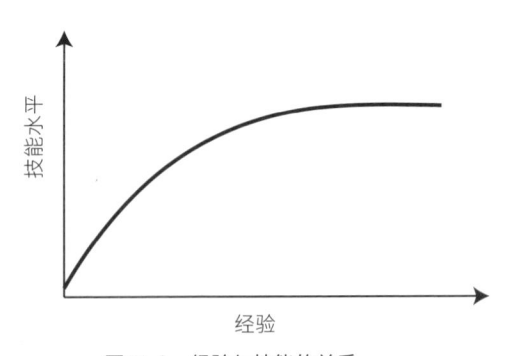

图11-2 经验与技能的关系

更多的练习会让操作变得更容易、更顺畅，直到她可以一边工作一边与顾客寒暄，甚至让思绪飘到与意式咖啡机相去甚远的主题上。这些都是她以前在不搞砸一杯咖啡的情况下无法做到的。心理学家将这种行为称为"自动技能"（automatic skills），因为它几乎不需要有意识地控制。

事实上，"自动技能"几乎不费吹灰之力，当这种技能嵌入复杂的过程时，就会产生巨大的益处。一位钢琴家在弹奏一首练习有素的乐曲时，其手指动作在很大程度上已经自动化了，她能够将更多的心智资源运用到作品的表现力上，赋予作品欢快、激昂或惊喜的感觉。而练习较少的演奏者，则必须有意识地随时关注指法细节。资深外科医生通过对专业程序的练习，使其达到自动化的程度，从而释放出高级心智资源来处理突发问题，并计划下一步的工作。

有些技能与其说是肢体动作，不如说是脑力操作，如应对不愉快的顾客、计算机编程、空中交通控制或记忆一副扑克牌的顺序。有趣的是，这些技能的发展与弹钢琴或使用手术刀等身体技能是相似的。起初，这些技能都依赖于有意识地记住并逐步运用的显性知识。新棋手需要频频回忆兵和车、王和后的走法，然后对每种走法的可能性作分类。随着练习的深入，基本的下棋技巧就可以自动掌握，棋手就能将他们的心智资源用于处理棋局中更具战略性、更复杂的局面。

记忆技能的发展也是如此。比方说，你想通过第 7 章所介绍的"友善的羊驼寻找人"这一策略来更好地记住名字——找到特征、听名字、说出来、练习。起初，你需要努力将这四个步骤牢记于心，甚至可能需要不断重复想象如图 11-3 所示的视觉图像。在这个阶段，你需要依靠外显记忆来执行策略。但是，就像咖啡师在意式浓缩咖啡机前操作一样，每一次成功都会加强对这一过程的技能记忆，从而使常规操作变得更容易掌握。更多的练习也会带来更多的改进，因为你学会了如何发现别人的显著特征，如何处理难记的名字，如何在头脑中练习新的名字，如何在对话中使用名字。你会越来越少地依赖外显记忆的指导，你会发现执行这些步骤所需的注意力和脑力都会减少。最终，你根本不需要"友善的羊驼寻找人"策略，因为你的内隐记忆系统会指导你的行动。现在，关键步骤几乎不费吹灰之力就能完成，助记法就显得多余了。

图 11-3　"友善的羊驼寻找人"策略的视觉图像

◆ 从"还不错"到"优秀"

大多数人学习技能都会达到这样一种状态，你的表现不再随着练习而提高，瓶颈产生了。你可能会发现：无论自己如何频繁地打网球，你的网球技术都只能停留在中级水平；即使每晚你都在做晚餐，你的烹饪水平可能也无法达到专业厨师的高度。难题出现了，持续练习的你，一直维持现状：你的技能没有变得更加精湛，但也没有降低。

你和其他不断进步的人有什么区别？动机当然是一个因素。很可能是你对自己的表现心平气和，对提高自己的水平并不感兴趣。很多技能都是这样，无论是打垒球、维护房屋还是管理投资，我们中的许多人都仅仅满足于一种与真正的专业水准相差甚远的水平。

要是你真的想提高某项技能呢？光有动力是不够的。你一直想成为一名更好的厨师，你渴望网球运动水平日益精进，却都没有实现。达到专业水准需要的不仅仅是愿望。事实上，对顶级成就者的研究表明，他们会集中精力磨炼自己的技能。心理学家安德斯·埃里克森（Anders Ericsson）是这一研究领域的领军人物，他研究了国际象棋、音乐、医学、桥牌、计算机编程、体育和记忆技能等不同领域的顶尖高手。这些人的表现曲线远远超过了"还不错"的水平，如图11-4所示。埃里克森和他的同事发现了精英们练习方式中的共同点。对他们来说，练习是一项严肃的工作。他们努力从每次练习中获得尽可能多的收获；他们反思成功之处，并想办法做得更好。埃里克森将此称为"刻意练习"（deliberate practice），它既适用于只在星期天打高尔夫的爱好者，也适用于奥运会选手。他发现"刻意练习"有三个特点，这三个特点共同作用，使练习者的技能不断向前发展，并走上通往"优秀"的轨道。

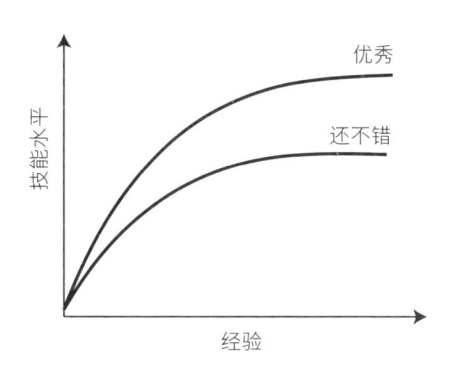

图11-4 从"还不错"到"优秀"

- **关注细节**

提高技能的最佳方法是关注具体细节。网球运动员可以练习发球，厨师可以练习炒菜技巧。咖啡师在掌握了基础知识后，可能会决定提升自己打发奶泡的技术，以便能够始终如一地为顶级拿铁咖啡制作出细腻的奶泡。她将打发奶泡作为改进的重点，其他部分的技能——基本上都是她可以轻松完成的"自动技能"——则保持原样。专注于打发奶泡的过程,就可以将其从"自动技能"切换为有意识的控制。现在,她就可以运用自己的注意力、工作记忆和推理能力来改进这一过程。在这一阶段,她不能与顾客聊天,因为她需要专注地运用自己的心智资源来解决制作完美奶泡的细节问题。埃里克森和他的同事们发现,改进技能是一项高难度的脑力劳动。这并不奇怪。

"刻意练习"的一个重要目的是解决问题。咖啡师必须弄清楚如何让蒸汽棒在牛奶中产生细小气泡而不是大气泡,然后学会如何将它们搅拌成她想要的奶油质地。这需要反复尝试,但只要她集中精力,就一定能做到。这时,她就可以重新回到一边与顾客交谈,一边还能制作出高质量奶泡的状态。

- **重视反馈**

除非咖啡师能准确判断她所制作的奶泡质量,否则她就无法改进——要想让"刻意练习"奏效,反馈是必不可少的。就她而言,经验丰富的同事可以充当教练,为她提供反馈和练习目标的建议。事实上,这正是技能发展的理想状态。在精英表演者的世界里,教练和培训师正是因此而备受推崇。如果咖啡师能找到这样的学习对象,她就能迅速提高自己的技能。

当依靠教练不现实时,你必须寻找另一种方法来解决反馈问题。比方说,你是一位记忆大师,想提高自己记名字的能力。什么样的反馈最有用?如何获得反馈?仅仅知道你记住了某场社交活动中的多少个名字并不足以帮助你提高记忆技巧。你最好在活动结束后找个时间回想一下,因为这个时候你还能回忆起在应用"友善的羊驼寻找人"策略的每个步骤中自己的表现如何。你可以在记忆犹新时将观察结果记录下来,然后为下一次机会拟定练习目标。每种技能都有自己的挑战所在。对于任何有志于提高技能的人来说,找到获得反馈的实用方法都是首要任务,因为没有反馈,练习只会强化错误而且低效。

- **大量练习**

"刻意练习"还有一个基本要求:必须反复练习。练习的数量,取决于技能的复杂程度和表演者的目标。在音乐、国际象棋、外科手术或科学研究等竞争激烈的领域,成绩优异者通常需要投入10年的时间认真练习,才能成为顶尖高手。

对于业余的高尔夫球手、音乐爱好者或记忆表演者来说,这样的投入是遥不可及的。他们所能控制的练习量不仅会受到其他生活兴趣的影响,而且还可能为了寻找练习机会而付出大量额外时间、心力。他们如何兼顾优先事项、寻找机会和保持自律,最终将决定他们在"还不错"和"优秀"之间的具体位置。

◆ 心理预演

并非所有的练习都必须在外部世界进行,有的也可以在头脑中进行。顶尖运动员在竞技比赛中会将"心理预演"(mental imagery)作为练习的一部分。一位优秀的奥运会跳板跳水运动员是这样谈及他的准备过程的:

我一直在脑海中练习跳水。晚上睡觉前,我总是"练习"我的跳水动作。通常要"练习"10次。从向前跳水开始,这是我在奥运会上必须做的第一个动作。我"看到"自己穿着同样的泳衣站在跳板上。一切都是一样的……如果跳错了,我就要回头重新开始。我花了1小时来完美地想象所有的跳水动作,这比实际练习(效果)还要好。

"心理预演"已成为奥运会训练界的固定项目。在2014年索契冬季奥运会上，美国派出了9名运动心理学专家协助运动员备战比赛，利用想象来提高技能是其中的一大重点。早前针对奥运会选手的研究表明，最成功的选手比不那么成功的选手做了更多的"心理预演"。

通过"心理预演"可以提高技能，这是经过了深入研究的心理学原理。它不仅适用于体育运动，还适用于外科手术、音乐演奏、舞蹈表演、降落飞机、操作实验以及中风康复等。

如果你决定尝试"心理预演"，最好等到你通过动手练习掌握了技能的基本要领，并且熟悉了展现技能的环境之后再尝试。这一点很重要，因为当你想象的表演与实际的身体感觉非常接近时，"心理预演"的效果最好——你需要经验来构建这种想象。真实和想象之间的对应关系应尽可能接近，首先要考虑到你在表演技能时所处的环境，甚至是你的穿着打扮。肢体动作的感觉是"心理预演"的重要组成部分。钢琴家应该能够感受到手指在琴键上的动作；垒球投手应该感受到心理投球前的上臂动作；记忆大师应该在想象的社交介绍中感受到握手的压力。哪怕是伴随练习技能而产生的情绪——紧张或兴奋——也会使想象更加逼真，从而更加有效。

假设你想提高自己的记忆力，记住在聚会或商务会议上遇到的人的名字。你可以想象自己成功运用了"友善的羊驼寻找人"策略，并记住了在即将举行的活动中遇到的假想人物的名字。理想的情况是，你曾经去过介绍与会者的实际房间，这样你就可以在脑海中想象出房间的样子；如果没有，你就需要想象一个类似的环境。你要想象自己在那里所穿的衣服，想象自己在真实活动中的行为举止。我建议你准备一个书面脚本来指导想象，尤其是在刚开始的时候。下面举一个例子来说明：

我正走进会议室参加会议……我穿着蓝色运动外套和灰色长裤，今天没有打领带……我拿着我的平板电脑……我看到会场布置有椅子、桌子、屏幕和咖啡壶……我想起了我今天的记忆动机……我认真地想记住尽可能多的新名字……我对它们充满期待，并感到兴奋……我开始注意到一些我不认识的人，我开始打量他们……我想知道他们是谁，他们是什么样的人……我寻找他们与众不同的特征……我向一位女士点头，她正和一位我想认识的男士站在一起……我挑出了一个可以用来记住这位男士的特征——他那一头浓密的头发，我走过去的时候注意到了这一点……当我走过去和她打招呼时，我感觉我的腿在移动……当她开始向我介绍新朋友时，我和他有了眼神交流……我全神贯注地看着他……我感觉到我的手臂伸展开来……我体验到握手的力度……当他说出他的名字时，我集中注意力……我听到他说"杰伊"……我重复了一遍，"很高兴见到你，杰伊"……我又记起了他的特征……我们交谈着，我在心里重复着他的名字……我离开时又提到了一次他的名字，"很高兴认识你，杰伊"。

脚本可以不只是关于技能的，它们还可以创造动力，就像上面的脚本一样，让你做好准备，应对可能遇到的困难。例如，当一个接一个的陌生人被介绍给你时，你也许会不知所措。你可能从经验中了解到，头脑中一旦有这种昏沉沉的感觉，你往往会放弃记住这些名字。我的建议是，与其放弃，不如为这种情况做好准备，在脚本中加入一些内容，想象这种情况发生时你会如何应对。你可能会看到自己变得不知所措，意识到发生了什么，然后把注意力转向内部，深呼吸，重新集中注意力，然后再运用"友善的羊驼寻找人"策略。通过提前做"心理预演"，熟悉应对策略，你就可以提高在真实场景中成功处理问题的可能。

你可以根据写好的脚本进行创作，也可以对着录音设备读出脚本，然后通过回放来练习。无论哪种方式，目标都是想象出脚本所描述的画面。当你尝试进行"心理预演"时，请记住这本身就是一种技能，需要练习才能掌握。它有两个关键要求：一是尽可能使想象更为生动；二是控制想象，以便准确地描述你正在练习的技能。

你可以使用这种预演技巧来提升技能，也可以为特定场合做准备。当你用它来提升技能时，结合实际练习的效果最佳；当你用它为即将到来的活动做准备时，在接近需要技能的时间内预演效果最佳。

◆ 漏桶问题

掌握一项技能并不意味着你一定能出色地完成它。假设你成功完成了心肺复苏（CPR）培训课程，半年后遇到紧急情况，你还能成功实施吗？一年后呢？几乎可以肯定会有一些下降，会下降多少呢？这是英国研究员伊恩·格伦登（Ian Glendon）和他的同事在一项针对车间和办公室工作人员的研究中所提出的问题。他们招募了那些在培训中表现良好的学员，让他们在不同时间段后再来参加复测。当他们到达测试地点时，会被带到一个房间，在那里他们会发现一个"伤员"，这是一个人体模型，可以记录实施心肺复苏的细节。这样，专家们就能判断

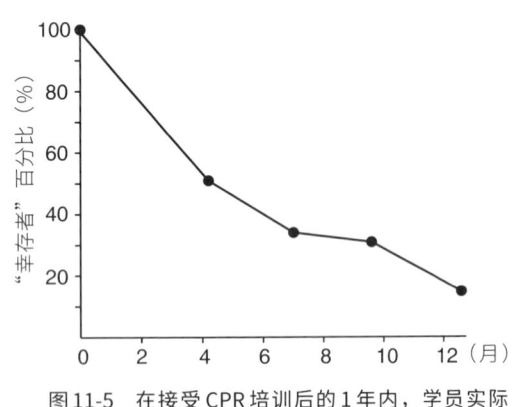

图11-5 在接受CPR培训后的1年内，学员实际操作水平的变化

每位参与者是否具备抢救真人生命的能力。图11-5显示了在一年的时间里学员技能水平的显著下降。12个月后，只有14%的CPR操作员足以挽救伤者。

这就是"漏桶问题"（leaky bucket problem）——当你不坚持练习某项技能时，你的能力就会随着时间的推移而下降。至于损失的程度，这取决于技能本身。例如，即使不经常练习，你也不可能忘记如何游泳或骑自行车。在环境和心理暗示的引导下，简单的重复的动作使得这些技能不易被忘记。但是，当一项技能包含多个步骤且面临时间压力时，你的退步就会表现得很迅速。这就是CPR研究中所发生的情况，因为CPR要求以特定的节奏精确地完成一连串动作，却几乎没有反馈来提示动作是否正确。随着时间的推移，就会出现失误：步骤可能会脱节，按压可能会过浅，节奏可能会过于急促。定期练习是唯一的补救措施。红十字会建议每3个月进行一次CPR复习，从图中可以看出，这样做完全算不上过于频繁。

对于更复杂的技能，练习必须更加频繁，否则会影响表现。伟大的钢琴家伊格纳西·帕德雷夫斯基（Ignacy Paderewski）有一句名言："如果我错过一天的练习，我会注意到。如果我错过两天的练习，评论家就会注意到。如果我错过三天的练习，公众就会注意到。"其他高难度技能也有类似的练习要求。一名合格的F-15飞行员每月必须进行13架次的练习，才能在执行实际任务时保证足够的熟练度。同样，有希望参加奥运会的运动员都会围绕着练习安排自己的生活，包括真实的和想象中的练习。

◆ 最后的思考

很多人在上我的记忆课程时，都希望能学到一些技巧，让自己立刻拥有更好的记忆力。当然，实际上这是行不通的，就像学了拿铁咖啡的制作方法不可能让你立刻成为优秀咖啡师一样。任何复杂的技能，专家级的表现都来自外显记忆系统和内隐记忆系统之间的相互作用，这种相互作用需要大量练习。对于有志于成为记忆大师的人来说，这一见解尤为重要。因为这是一种基于技巧的技能，而技巧可以很容易地描述出来，所以很容易让人以为只要掌握技巧就足够了。但是，显性知识只是一个起点，你还必须进行适量的"刻意练习"，因为只有当这些技巧在内隐记忆系统中流畅地完成时，才会产生实际效用。

◆ 记忆实验室：链接法

本章"记忆实验室"将介绍一种按特定顺序记忆一系列材料的实用方法。我们将在这里举例说明这种方法，然后在第13章中对其做更深入的研究。

当你想轻松地从某个系列中的一个项目移动到下一个项目时，"链接法"（link method）尤其有用。例如，想象一下你正在整理一份杂货清单，你刚拿起黄油，现在需要找到清单上的下一个项目。链接法将帮助你回忆起它。

在这里，我们构建了一个记忆辅助工具，用于按顺序回忆"刻意练习"的三个组成部分。为了增加实用性，假设我正准备就这一材料发表演说，但我不想依赖笔记本。链接法可以让我在没有外部记忆辅助工具的情况下，按顺序浏览这些主题。虽然这里只涉及三个主题，但这个过程可以根据我的意愿，扩展到链接任意多个主题。

"刻意练习"的三个组成部分是：（1）关注细节；（2）重视反馈；（3）大量练习。为了应用链接法，我按照我想要回忆的顺序，在成对的组成部分之间建立联系。

　　　　提升技能→

　　　　　　关注细节→

　　　　　　　　重视反馈→

　　　　　　　　　　大量练习

每个箭头都将成为一个视觉图像，将其两侧的项目连接起来。从上述联系可以看出，我需要3个视觉图像来创建3个链接。

- **第一个链接：提高技能→关注细节**

如图11-6所示，我用杂技演员的形象来表示技能，用箭靶来表示技能的具体细节。通过展示杂技演员玩耍箭靶的场景，将两者结合起来，就能产生我想要的联想。在讲课过程中，当我讲到提高技能时，我会在脑海中寻找与该主题相关的联想，并回想杂技演员的形象。箭靶将帮助我记住"刻意练习"的第一个组成部分：关注技能的具体细节。

图11-6　链接法所使用的第一个图像，将"提高技能"（杂技演员）与"关注细节"（箭靶）相关联

- **第二个链接：关注细节→重视反馈**

链接法的一个有趣特点是，每个关联都是独立的。因此，为了创建第二个链接，我把变戏法放在一边，寻找可以连接"关注细节"和"重视反馈"的图像。因为"反馈"是抽象的，不容易用直观的视觉图像来表达，所以我找了一个能暗示"反馈"（feedback）的替

代词。我选择了"食物"（food），然后想象了一个以"食物"为中心的箭靶，如图11-7所示。这足以让我回忆起"反馈"。在讲课过程中，当我讲完"关注细节"的具体内容时，我会在脑海中寻找与"关注细节"相关的联想，一旦想起这个图像，我就知道下一个主题是"重视反馈"。

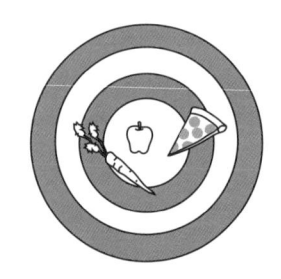

图11-7 链接法所使用的第二个图像，将"重视反馈"（食物）与上一步"关注细节"（箭靶）相关联

- **第三个链接：重视反馈→大量练习**

当我准备说第三点时，我会搜索与"重视反馈"有关的联想，并回忆起第三个链接，如图11-8所示。它展示了一位糟糕的音乐家被失望的观众投掷各种食物，遭到了负面的"反馈"。他显然需要"大量练习"，这一暗示将引出最后一个主题。当你看到这些图片时，请记住有效的记忆线索是独特的。虽然这些图像对我很有用，但如果你在讲课时使用链接法，你用的图像可能会有所不同。

一旦有了这些链接提示，我就会在讲课前在脑海中过上几遍，以确保在我从一个主题转到另一个主题时，这些链接会很容易被想起来。如果我很好地选择了链接法所用的图像，我就能在没有笔记的情况下自如地讲课，讲课顺序也会与我的计划保持一致。

图11-8 链接法所使用的第三个图像，将"重视反馈"（食物）与"大量练习"（糟糕的音乐家）相关联

第 12 章
记经历

詹姆斯·麦高（James McGaugh）是记忆研究领域的权威。作为一名顶级研究员，他发表过数十篇科学论文，他本人对记忆系统的重要见解备受业界赞誉。因为他的杰出成就，吉尔·普莱斯（Jill Price）于2000年6月8日给他发了一封电子邮件：

我今年34岁，从11岁开始，我就拥有一种令人难以置信的能力，可以回忆起我的过去，但不仅是回忆。我最初的记忆是在蹒跚学步的时候（大约是1967年），不过我的特长是可以从1974年的某一天开始回忆，告诉你那是哪一天，那天我在做什么，如果那天发生了什么非常重要的事情，我也可以向你描述出来，一直回忆到今天为止。我不会事先看日历，也不用阅读我24年来写的日记。每当我在电视上（或其他任何地方）看到一个日期闪过，我就会自动回到那一天，想起我当时在哪里，在做什么，一直停不下来。这种感觉无法停止、无法控制，而且让人精疲力竭。

普莱斯女士希望麦高、拉里·卡希尔（Larry Cahill）和他们在加州大学尔湾分校的同事能够帮助她控制自己的记忆，使记忆不再那么耗费她的精力。麦高同意与她会面，与此同时他对她的记忆力是否真的如此出众深表怀疑。研究人员把这种记忆形式称为"自传体记忆"（autobiographical memory），当时对这种记忆形式的所有研究都表明，普莱斯女士所说的情况是不可能发生的。

麦高的团队对普莱斯进行了一系列广泛的记忆力测试，结果表明她确实拥有惊人的"自传体记忆"。研究人员通过她的旧日记，将她的回忆与她多年前所写的内容进行对比测试。她的记忆无一例外地得到了验证，没有任何夸大其词的成分。在一次出人意料的单项测试中，研究人员让她写下1980年至2003年期间每年复活节的日期。她不仅给出了日期，还主动说出了自己每一个复活节都做了什么。例如，她说1986年3月30日复活节那天，她的家人都在棕榈泉，三个朋友和她一起住在他们家；1989年的复活节是3月26日，她记得是和一个朋友一起度过的。日记所记录的细节与她的记忆完全相符。

有趣的是，测试结果显示，普莱斯对其他类型的材料——数字、文字、图片和图表——的记忆力并不突出。据她描述，她很难记住在学校里学的知识。但是，对于她认为有趣或与个人相关的生活经历，她的记忆力却令人瞠目。

麦高和卡希尔对普莱斯的记忆力进行了长达数年的研究，真实而又客观地记录了她与众不同的记忆能力。普莱斯一直耐心地协助他们的工作，随着时间的推移，她开始与自己非凡的记忆力和平相处，最终写成了一本书《记忆力超群的女人》(*The Woman Who Can't Forget*)，该书详细讲述了记忆力在她生命中所扮演的角色。

麦高的研究成果不胫而走，人们陆续发现了其他具有类似能力的天才。与普莱斯不同的是，他们非常珍视自己非同寻常的能力。和普莱斯一样，对于随意挑选的日期，他们也能回忆起那一天的日常经历，而且他们的记忆也和普莱斯一样通过了验证。麦高和他的团队通过访谈、记忆测试，甚至大脑扫描，仔细研究了这一特殊群体中的大部分人。他们将这种罕见的能力命名为"超常自传体记忆"(highly superior autobiographical memory，HSAM)。我稍后再谈他们对这种能力的了解，首先要考虑的是我们普通人是如何记住自己的过去的。这与普莱斯那样的天才是完全不同的。通过了解和欣赏这些记忆力特殊的人，我们可以思考的是，如果我们自己也想更好地记住过往的经历，那他们能教给我们什么。

◆ 我们记住了哪些经历

不具备吉尔·普莱斯那种特殊能力的普通人，会忘记生活中所发生过的大部分事情。每天都会有新的记忆——早餐时的谈话、寻找停车位、与同事会面、在快餐店吃午饭。如果有好的记忆线索，这些事情通常可以在几天、几周，甚至更长的时间内回忆起来——要是你下个月再去那家快餐店，也许你能够回忆起自己和朋友谈话的细节。然而，这些信息中的大部分注定会被遗忘，只不过并非全部记忆都会忘得一干二净。那么，我们所保留的记忆到底是什么呢？

吉莉安·科恩（Gillian Cohen）和多萝西·福克纳（Dorothy Faulkner）这两位英国研究人员试图找出答案。他们请154位年龄在20岁到87岁之间的人找出他们最生动的记忆，并就每段记忆写下几句话。图12-1所示的柱形图显示了人们记忆中最重要的9个主题。这9个主题加在一起，占所有回忆的80%以上。是什么让这些经历被人们记住，而其他许多经历却随着时间推移被遗忘呢？科恩和福克纳认为，每一段被记住的经历都具有以下特点或这些特点的组合：（1）个人重要性；（2）不同寻常；（3）情感意义重大。

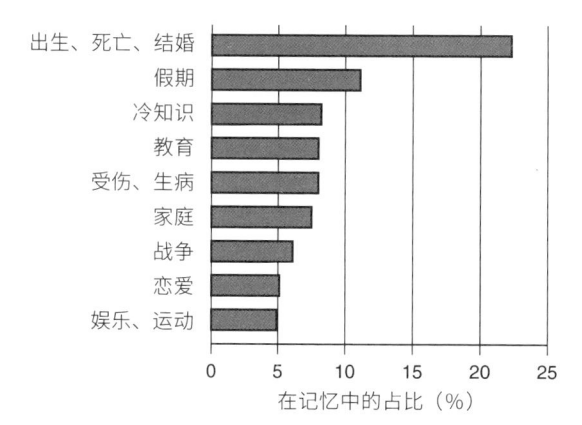

图12-1 人们记忆中最重要的9个主题

新奇经历的记忆优势值得特别注意。从这项研究中可以发现，73%的记忆涉及非日常情况——初恋、出国旅行、疾病，这表明我们很容易记住奇特的、罕见的、不寻常的和出乎意料的事情。大卫·皮勒默（David Pillemer）和他在韦尔斯利学院（Wellesley College）的同事们所做的一项研究就很好地说明了这种独特经历的可记忆性。他们找到了已经离开学校22年的毕业生，询问他们对大学第一年的记忆。如图12-2所示，这些记忆大多来自他们刚进校的那一个月。在这个月里，他们结识了室友，与辅导员进行了交谈，熟悉了校园环境，并开始上课。这些初次经历给他们留下了深刻的印象。后来的诸多经历则是"老样子，老样子"，没有足够的特色，就无法再在记忆中留下深刻的印象。

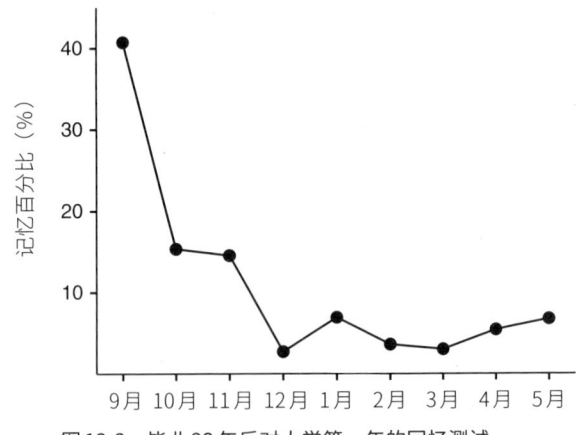

图12-2 毕业22年后对大学第一年的回忆测试

情感是另一种强大的记忆增强剂。这一点在韦尔斯利研究中很明显，绝大多数记忆都与情感有关。你会发现，你自己的长时记忆也是如此。如果你回想一下自己的大学或高中经历，留意一下最先浮现在脑海中的记忆，它们肯定都有情感的成分，这些情感成分让它们变得令人难忘——参加高中第一次舞会时的紧张感、在摄影俱乐部获得的成就感、在足球比赛中建立的友情。

情感与记忆有着特殊的关系，因为情感能够在记忆产生的过程中强化记忆。伴随情感生发的神经化学物质会影响记忆形成的大脑区域，从而使该段经历得到生动、持久的呈现。一个显著的例子就是"闪光灯记忆"（flashbulb memory），它是一种以令人信服的细节保存下来的情感体验，能够持续一生。以下是一位丹麦老人对1940年4月9日德军入侵丹麦的记忆，当时他13岁。

我被一阵雷鸣般的响声惊醒，从来没有听过这样的声音。我打开阁楼的天窗，朝南边望去。在附近树林的上空，一队队灰色的大飞机飞来，一次三架，就在树梢上方。我可以看到驾驶舱里的飞行员，飞机的侧面是波浪形的金属板，上面有黑白相间的大十字。我跑下楼去找家人——我的母亲和祖母。我母亲气坏了。收音机里说，我们的国家被德国人占领了。

这段记忆有很多值得回忆的地方。这件事不仅重要而不寻常，还唤起了强烈的情感。事实上，很有可能正是因为情感成分，"闪光灯记忆"才会有如此众多而清晰的细节。丹麦心理学家多尔泰·伯恩森（Dorthe Berntsen）和多尔泰·汤姆森（Dorthe Thomsen）使用了多种方法，来验证这位经历过入侵的丹麦老人"闪光灯记忆"的准确性。尽管记忆的保持时间超过了60年，但大多数记忆都基本正确。

2001年9月11日发生在纽约世界贸易中心的恐怖袭击事件让许多人记忆犹新，要是当时你的年龄足够大，今天的你可能会清楚地记得听说或知悉这件事的整个过程。你的记忆是否又回来了？你能说出当时你在哪里，在做什么吗？你是如何得知这次袭击的？你接下来做了什么？如果你能回答这些问题，说明你有"闪光灯记忆"，而且你并不孤单。不仅绝大多数当时处于青春期的美国人对此记忆犹新，英国、比利时、意大利、罗马尼亚、日本和其他国家的人也是如此。这次袭击，在世界范围内都是一个"闪光灯事件"。

在中世纪，人们有意识地利用情感来达到记忆的目的，并在这一过程中创造了"闪光灯记忆"。以下是历史学家莫里斯·毕晓普（Morris Bishop）对那个时代的描述：

> 中世纪司法的另一个奇特之处在于，由于书面记录很少或无法获得，在证人的记忆中会留下日期和判决的印记。充当证人的男孩会被郑重地铐上手铐或鞭打，以保持他们的记忆，直到年老。库尔顿记录道："罗歇·德·蒙哥马利将他的儿子——贝莱姆的罗伯特——扔进了水里，后者还穿着一件毛皮大衣……以证明和记住修道院院长及其修道士的领地一直延伸到了那个地方。"

通过将情感体验与关键事实联系起来，中世纪的法官确保了小罗伯特对修道院院长领地范围的记忆，并使其以"闪光灯记忆"长期保存下来。同样，作为婚姻见证人，有时也会在仪式结束后互相殴打，以确保他们记住这段婚姻，这在没有正式文书记录的时代是一项严肃的责任。

情感记忆通常相对准确，但并非总是如此。事实上，有时它们会包含生动而令人信服的错误。请看2001年9月11日的"闪光灯记忆"。"9·11袭击"发生几天后，赫特福德大学（University of Hertfordshire）的莉亚·克瓦维拉什维利（Lia Kvavilashvili）和她的同事们要求一大批人描述他们是如何听说这件事的。两年后，他们又联系了同样的人，让他们再次回忆这一事件。大约有10%的参与者的记忆出现了严重失真。例如，一位妇女在首次回忆时说，事件发生的次日，她去游乐场接孙女时听说了袭击事件。两年后，她认为自己是从一家干洗店的店员那里听说的。两段记忆对她来说,都真实而鲜活。诸如此类的矛盾事例,表明了情感记忆存在风险。因为它们看起来都如此真实,所以我们会不加批判地接受它们。大量研究表明,它们经常出现各种错误。作为学习记忆艺术的学生,我们要记住,生动的记忆并不能保证一定是准确的。任何记忆,即使是"闪光灯记忆",都有可能出现错误。

◆ "凹凸"的人生记忆

试着写下你人生中最容易想到的50段记忆。结果你会发现,其中有不少是最近1年左右的记忆,现在请把它们先放在一边,只看那些较早的记忆。它们来自你生命中的哪个时期?如果你已年过半百,你会发现15岁到30岁时的记忆数量过多。图12-3展示了这一"凸起"的曲线。该图是对70多岁的老人进行研究后得出的结论,研究人员给了他们一系列提示词,如猫、花和车票,要求他们回忆关于每个词的记忆。当科学家绘制出这些经历的记忆随年龄变化的曲线时,他们发现了"凹凸"的特征。事实证明,这是一个令人惊讶的重要发现。它不仅适用于自发回忆的记忆和由提示词引发的记忆,也适用于由气味引发的记忆或在日常生活中回想起的记忆。

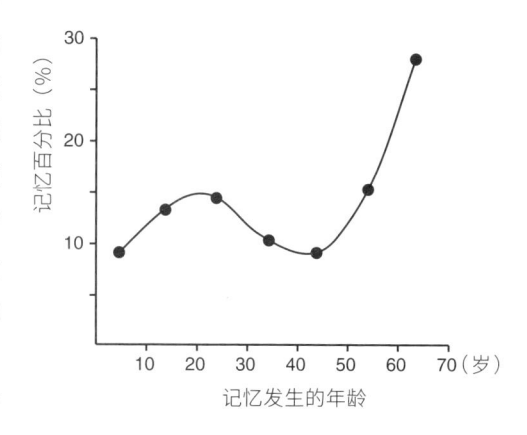

图12-3 在记忆曲线上,"凸起"的特征发生在15岁到30岁之间

这种"凹凸"的特征可能是多种因素共同作用的结果。在认知系统效率最高、记忆力测试得分最高、反应速度最快的时期出现这种现象似乎并非巧合，这也是每个人在社会中发展的关键时期。在这几年里，我们度过了青春期，并找到了自己的成人身份。在大学、事业、婚姻和孩子的成长过程中，我们的人生故事也写下了重要的篇章。这些经历往往具有"闪光灯记忆"的所有特征——个人重要性、新颖性和情感内涵。这确实是人生中的一个特殊时期，凹凸不平的曲线正是反映了这一特点。

- **早期记忆如何？**

正如"磕磕碰碰"是我们记忆中最美好的时光一样，"磕磕碰碰"之前的时光也是最糟糕的时光。当成年人被要求回忆早期记忆时，他们很少记得3岁以前的经历。弗洛伊德称之为"童年失忆症"（childhood amnesia）。不是3岁以下的孩子不记得事情，而是这段记忆不持久。即使是只有6岁的儿童，他们对幼年时期的记忆也基本消失了。这当中的部分原因在于大脑的发育节奏，儿童的关键记忆结构还不成熟，无法在记忆中长时间保留自己的经历。社会因素也在起作用，即儿童必须一步步学会如何将记忆中的零碎经历拼凑成连贯的故事。与父母和其他成人的互动，逐渐教会他们这项技能。随着他们能更好地表达已有的记忆，他们对新信息的记忆力也会提高。到八九岁时，天性和后天的熏陶已经使他们的记忆系统达到了一定的水平，他们的新记忆与成人所形成的记忆一样牢固。

◆ 人生故事

记忆力发展的另一个里程碑发生在青少年时期，他们开始将自己的记忆整理成一个人生故事。在这个时期，青少年面临着多项艰巨的任务：确立性别认同、处理棘手的同伴关系、厘清教育选择以及应对不断变化的家庭动态。这些挑战促使他们对自己的故事产生兴趣，这种兴趣体现在许多青少年倾向于写日记——在我教过的大学生中，约有 1/3 的人说他们在这些年里写过日记。这一阶段所形成的人生故事将在他们的一生中不断发展，在发展的过程中记忆将连接在一起，捕捉他们经历的不同方面。高中时一段勤工俭学的经历，留下的将不仅仅是一堆孤立的记忆。相反，这些记忆会形成一个关于当年这段经历的完整故事，一个涉及人物、事件、情感和责任的叙事，所有这些对当事人来说都具有特殊的意义。研究人员把这样的记忆集合称为人生故事中的"一章"。一个人生活中其他方面的记忆也会构成其他章节——大学宿舍的岁月、一段青涩的恋爱关系、父母的疾病。每一章都将相关经历的记忆汇集成一段叙事结构，赋予其背景和意义。随着岁月的流逝，人生故事将被扩展、更新、编辑、修订和重新诠释。它是我们对过去的个人看法，决定了我们如何看待现在，如何展望未来。

由于人生故事被组织成了"自传体记忆"，因此可以在检索记忆时发挥作用。著名研究员马丁·康威（Martin Conway）所提出的理论认为，这种记忆的组织结构分为三个层次。最高层次是按照特定主题以时间顺序排列的记忆集合，形成一个章节，如"我在宿舍的岁月"。第二层是章节中的一组记忆。例如，许多宿舍记忆中总有一个令人印象深刻的室友，"我的大一室友贾里德"。在康威的层次结构中，最低一层是具体事件的记忆，如"贾里德把我的电脑弄坏了"。

为了了解该系统的运行情况，假设我的妻子问我是否还记得多年前我们住在加利福尼亚时她所打理的小花园。我将如何在成千上万的经历中找到这段记忆呢？也许她给我的提示"加利福尼亚的小花园"足以让我立即检索到这段记忆，但由于那是很久以前的事了，直接检索很可能会失败。如果我从自己的人生故事出发，也许还能找到这段记忆，如图12-4所示。首先，我会在脑海中回到住在加利福尼亚的那段岁月，这是我人生故事中的一个篇章，并回忆起我们当时居住的一栋复式楼。这个环境与许多记忆有关，也是我体验小花园的地方。在这里，我发现了一些线索，让小花园的记忆浮现在脑海中，让我想起我们是多么享受那些刚从藤蔓上摘下来的西红柿的味道。人生故事以其层次分明的组织方式，为个人记忆提供了另一种途径。与直接进入记忆的好线索相比，它的回忆速度较慢，效率较低，但是在现有线索不足的情况下，它可以"拯救"我们的生活。

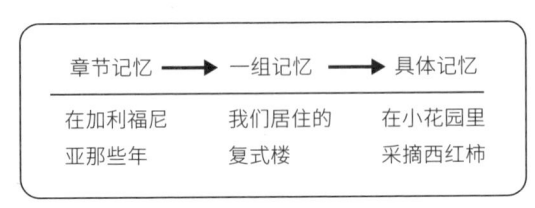

章节记忆 →	一组记忆 →	具体记忆
在加利福尼亚那些年	我们居住的复式楼	在小花园里采摘西红柿

图12-4　聚焦于具体记忆

◆ 超常自传体记忆

那些像吉尔·普莱斯一样拥有惊人的"自传体记忆"的人又是如何做到的呢？我们能否从他们身上学到什么，以帮助我们更好地记忆自己的人生？

尽管仍有许多疑问，但有关HSAM患者的发现已经给我们带来了启迪。目前已有4篇关于他们的科技文献以及2本由HSAM患者撰写的著作问世。除了吉尔·普莱斯的故事之外，玛丽露·亨纳（Marilu Henner）还写了一本名为《记忆大改造》（*Total Memory Makeover*）的心理自助类图书。亨纳是一位出色的女演员，也是健康和饮食类图书的作者。她的新书介绍了她的HSAM情况，并向读者推荐了提高记忆力的方法。我稍后会再谈谈她的建议。关于 HSAM 的一个重要发现是他们对日历的迷恋。那些患有 HSAM 的人，可以瞬间就说出任意日期是星期几，只要该日期是在他们有详细记忆的生活阶段——通常是 11 岁或 12 岁之后。他们知道什么时候会出现闰年，哪些月份的日历页是相同的，哪些年份的所有月份都是相同的。他们的记忆与特定的日期联系在一起，这就给了他们一种组织记忆的方法，这样他们就能轻松、系统地回忆起那些记忆。每次演练，都会使记忆变得更加牢固。吉尔·普莱斯回忆说，1980 年 12 月 19 日是她在学校念十年级的最后一天，正好是圣诞假期之前。1981 年 12 月 19 日，她与迪安、哈里一起去比佛利山购物。她对 12 月 19 日的记忆一直保持到现在。令人惊讶的是，她关于这些日子的记忆是如此普通。这些并不是什么重要的事件，也不是什么特别值得注意的事情，更不是什么带有强烈情感的故事；它们只是日常发生的琐事，是我们其他人很容易忘记的再普通不过的小事。通过将这些事件与日期联系起来，她却创造出了特定的线索，使她能够记住这些事件，而她经常这样做。例如，每天早上吹头发时，她都会在脑海中回想往年同月同日发生的事情。玛丽露·亨纳和其他患有 HSAM 的人也有类似的习惯。

　　HSAM 患者的一个共同点是有明显的强迫症倾向——虽然还不足以构成心理障碍，但绝对比普通人强烈得多。他们收集并仔细整理衣物、音乐 CD、马克杯、帽子、毛绒玩具和电视指南。麦高团队认为，他们对秩序的渴求和强迫症倾向，很可能都与 HSAM 有关。这或许可以解释为什么他们对日历如此着迷：将其作为整理记忆的一种方式，也可以促使他们习惯性地重温过去的岁月。

　　这种非凡人群还有一个共同点：非常珍视自己所拥有的特殊能力。在被研究的这些人中，没有一个人，甚至包括吉尔·普莱斯在内，愿意在可能的情况下放弃自己的特殊记忆力。一位名叫路易丝·欧文（Louise Owen）的女士这样说道："我认为它让我生活得更加用心，更加快乐……我知道，无论今天发生什么，我都会记住。我能做些什么让今天变得特别呢？怎样才能让今天与众不同呢？"

◆ 强化"自传体记忆"

我们是否可以从 HSAM 患者身上学到一些东西，以此来改善我们的"自传体记忆"？其实，我们每个人都可以借鉴他们的一些做法：他们非常重视对过去的回忆，他们享受回忆的过程，他们定期做记忆练习。虽然他们的"心理日历"能力似乎遥不可及，但我们大多数人都可以提高自己的回忆能力，选择在追忆过去时获得更多乐趣。

当然，并不是每个人都需要改进。有些人经常回忆过去的事情，并且乐在其中。刻意的自传式回忆是他们性格的一部分。另一些人则不那么善于反思，除非有实际原因，否则他们不会刻意去回忆自己的"自传体记忆"。在这两个极端之间，还有各种不同的层次。一般来说，女性的"自传体记忆"多于男性。她们通常会更生动地回忆起过去的经历，更详细地描述这些经历，并特别强调事件中的想法和感受。

这里的建议，提供给那些不喜欢自传式回忆，但又想加强这种能力的读者。毕竟，对人生经历的记忆可以说是我们最重要的财产，是我们自我意识的基础，也是人生经验教训的宝库。如果它没能得到你认为应有的关注，似乎就值得努力去改变。

需要提醒的是：并非所有的"自传体记忆"都是健康的。当人们喋喋不休地回忆过去的伤痛或失去的机会时，当他们为了逃避现实而回忆往事时，当他们沉浸在对已不复存在的人的回忆中时，他们就很容易患上抑郁症。建设性的回忆有两种形式，回顾自己的人生和所走过的道路，欣赏自己是谁以及自己如何成为这样的人，这些都是健康的。你可能会回忆起那些成为你人生转折点的经历，并通过回忆这些经历来发现它们对你的意义，就像这位学生所描述的经历一样：

高二时，我选修了一门英国文学课程。我喜欢这门课的教材，喜欢写论文，感觉还不错，直到……我写了一篇论文来表达我对一首诗的理解。我觉得自己对诗句中的特殊含义很有见解。然而，当论文被退回来时，老师告诉我，我对教材毫无理解，她还希望我不要成为英语专业的学生。我还记得她对我说这些话时绷紧的脸和紧抿的小嘴。我想，我绝不能成为她那样的人。于是，我把英语专业改成了社会学专业。

回忆也是一种学习工具，因为它能让你审视自己过去是如何处理各种情况的。篮球巨星迈克尔·乔丹（Michael Jordan）曾回忆起他高二时未能入选校篮球队的经历：

没能入选校队，我感到很沮丧。他们贴出了花名册，但上面没有我的名字，那份花名册贴了很久。我记得当时我很生气，因为有一个队员真的不如我。每当我锻炼累了，觉得应该停下来的时候，我就会闭上眼睛，想象我看到更衣室里的名单上没有自己的名字，这通常会让我重新振作起来。

大多数记忆不会像前面提到的这些记忆那样，对人产生强烈的影响。它们是各种经历的混合体，有些是正面的，有些是负面的，有些是中性的。对于大多数人来说，绝大多数"自传体记忆"都是积极的——研究发现，积极记忆和消极记忆的比例通常超过2∶1。

也许正是基于这个原因，建设性的回忆能促进积极的情感和幸福感。事实上，在心理治疗师的指导下进行建设性回忆是一种公认的治疗抑郁症的方法。有鉴于此，以下给出了一些改善"自传体记忆"的建议。

- **获得丰富的记忆**

  第一步，要努力获取丰富的"自传体记忆"。不久前我在西雅图时，有机会与我的姐姐、她的伴侣、她的两个女儿以及其中一位的丈夫共进晚餐。我们难得聚在一起，我想好好记住这次聚会，于是我采用了玛丽露·亨纳推荐的三步法：预期—参与—回忆。这是她从同样重视记忆的父亲那里学来的。她的父亲让全家人都参与到这三个步骤中来，以好好记住圣诞节聚会、海滩派对和生日宴会等喜庆场合。亨纳对这些经历有着温馨的回忆，至今她仍沿用父亲的方法。

  就我而言，在"预期"阶段，我怀着积极的期待，制订计划，希望能记住将要发生的事情。这让我在活动中产生了使命感，我认为这也增加了自己聚会时的乐趣。下一步是"参与"，在晚宴上，我有意识地努力去充分体验所发生的一切，以便形成深刻的记忆。晚宴结束后，我发现自己记下了一些似乎特别值得回忆的时刻。最后一步是回忆，几天后回到安克雷奇，我选择了一处安静的地方，重温这一事件。结果，我对那次经历拥有丰富的记忆。

- **回忆什么**

  你可能会发现，花一些时间找出你人生故事中值得回味的方面，会很有帮助。这些经历可能有助于塑造你的个性和价值观，或为你的人生增添丰富的色彩，或教给你重要的经验教训，或仅仅是让你重温时有所收获。以下是寻找这些经历的三个建议。

- **人生故事的主要章节**

假设你将自己的人生划分为最重要的几个部分。它们是什么？这些就是我这里所说的章节。一个章节可以是你想要的任何东西，但对我来说，一个章节中的记忆有一个共同的主题；它们涵盖了一个较长的时间段，比如几周、几个月或几年；它们有一个明显的时间顺序。玛丽露·亨纳建议，在确定人生故事的章节时，可以想象一下你要写一本自传或制作一部关于你自己的纪录片，故事将如何发展？根据她的建议和其他资料，我用图12-5中的方框显示可能出现的章节。在一项针对中年人的研究中，他们发现自己人生故事的平均章节数为11个，但具体也要因人而异。亨纳的建议是，写8章到15章。

你生活的地方	工作经历	孩子
高中时光	大学时光	孙儿/孙女
兄弟姐妹	童年	婚姻
父母	爱好	离婚

图12-5　人生故事的主要章节

- **其他的人生故事主题**

有些有意义的回忆无法按照时间顺序排列，但仍有一个共同的主题。例如，如果我回忆起好几次徒步旅行，除了涉及徒步旅行之外，它们之间并没有特别的联系，因此无法整齐地排列成一个章节。尽管如此，重温这些旅行还是很令人满意的，而且一旦我想起某次旅行，另一次旅行就很容易浮现在脑海中。对于艺术家回想自己曾经创作的作品，木匠回忆那些亲手完成的项目，或者棒球迷回味自己最喜欢的比赛，也是如此。图12-6的方框中显示了可能与这些记忆有关的主题。通过这些主题，你就有机会沉浸在愉快的回忆中。

人生转折点	友谊	宠物
人生教训	户外探险	浪漫爱情
假期	家庭日活动	导师
体育运动	心灵体验	美食
工作项目	收藏	汽车

图12-6　其他的人生故事主题

- **个人纪念品**

回忆需要线索，而纪念品尤其有效，假期的照片、高中毕业照、朋友制作的咖啡杯等都可以成为强有力的提示。收集和整理小纪念品的传统方法是剪贴簿。尽管人们保存剪贴簿的原因多种多样——记录实情、记录过去、制作赏心悦目的展品，但每件精心粘贴的物品都是记忆线索，剪贴簿制作者通过它们可以回忆起那些有意义的往事。这使得剪贴簿与相册一样，成为"自传体记忆"的有效辅助工具。当你选择一件纪念品放入剪贴簿时，你就认定了它是值得记住的东西。当你将其固定在页面上时，相关的记忆就会浮现在脑海中，它们变得更加深刻。其他来源的纪念品也能提供强烈的提示。听到与快乐时光有关的音乐、为感恩节晚餐准备馅料、闻到玫瑰花的香味，这些都能唤起人们的记忆。研究发现，珠宝、毛绒玩具、信件和日记是对女性有帮助的线索；男性则对运动器材、汽车和代表过去成就的奖杯表现出更好的记忆力。纪念品在HSAM患者的生活中也扮演着重要角色——他们热衷于收集和整理过去的点点滴滴。

- **记忆的行为**

假设你准备探索一段记忆，如何回忆才能获得最丰富的体验呢？

例如，我想回忆自己和妻子去旧金山的一次旅行。记忆大师多米尼克·奥布莱恩的建议是，从一个具体的细节开始回忆，然后向外延伸。我首先想到的细节是酒店的登记台。当我开始关注这个细节时，其他细节也开始出现——为我们办理入住手续的和蔼可亲的女士、乘坐古董电梯、四柱床，更多的记忆接踵而至——攀爬陡峭的人行道、遇到友好的当地人、海滨的味道。随着一个记忆引发下一个记忆，我重新"创造"了这段经历。

在回忆时，描绘记忆的方式会影响记忆的生动程度——最有效的方法是从"内部"视角回忆这段经历。这就是说，我是通过自己的眼睛来回忆乘坐缆车的情景，而不是通过外部照相机记录的画面来想象。玛丽露·亨纳说，她总是以这种方式回忆，可我们大多数人无法对所有记忆都这样做。相反，我们的记忆往往是内部和外部视角的混合体。在一位 21 岁大学生的回忆录中，我们可以看到这两种并存的视角：

> 看到自己在大学的派对上跳舞。我记得自己的衣服和双腿（它们是怎么移动的）。突然间，我"从自己的身体里"向外看。一个我有点熟悉的人经过时说："你今天看起来不错。"

她的回忆从外部视角开始，随着记忆的展开，她转到了内部视角。如果她保持这种视角，她就会发现自己记忆中的情感比外部视角更强烈，感受到的细节也更丰富。

对于近期的记忆，你会发现采用内部视角相对容易和自然。较早的记忆可能比较薄弱，细节也不那么丰富，它们可能只能通过外部视角浮现于脑海中。这可能是因为它们已经褪色，不再具有内部视角所需的丰富的感受。强行将这样的记忆转化为内部视角不会有什么好处。但是，倘若你可以从内部或外部视角轻松回忆起一段经历，那么内部视角会给你带来更丰富的体验。

记住，不一定要以同样的方式来回忆特定的记忆，这一点很有帮助。有时，新的视角可以为旧的记忆提供新的体验。亨纳指出了四种重现经历的方法。在"横向方法"中，回忆就像一个线性故事——我们到达旧金山机场，乘坐出租车，办理酒店入住手续，等等。她用DVD视频来比喻这种回忆方式，在你回忆经历的过程中，一个场景接一个场景地出现。在"纵向方法"中，记忆呈现出某个局部场景——我们在码头上吃的午餐，包括风景、餐桌、服务员、我们点的菜以及当时的感受。在"蘑菇式方法"中，回忆从旧金山之行开始，并以此为线索指向其他地方，比如大西洋城的海滨。最后一种检索方式是在出现自发回忆时加以利用的，例如，当一个偶然的景象或声音让人想起旧金山旅行的一部分时。通常情况下，我们很少关注这种自发回忆，但在条件允许、时机恰当时，我们可以选择在意识中保留它们，任其展开，从而唤起对这段经历的记忆。

在改进回忆能力的过程中，你会发现第5章中的三种结构化检索策略很有帮助。该章的助记法如图12-7所示，它可以帮助你记住它们。"霰弹枪"策略是利用自由联想来寻找线索，从而激活其他记忆。"重返现场"策略会让你"回到"记忆发生的场景里，在头脑中重新创建记忆并寻找记忆线索。"等待并重试"策略允许在两次检索尝试之间间隔一段时间。使用这些方法后，当你偶然发现正确的线索时，你会发

图12-7 回忆策略的助记法："霰弹枪"策略、"重返现场"策略（警察）和"等待并重试"策略（时钟）

现有新东西可以回想起来，这可能会让你感到惊喜并获得成就感。但是，不要过分刻意地去唤起丢失已久的记忆。如果你拼命回忆，就会发现自己"唤回"的是一段从未发生过的"令人信服"的虚假记忆，是你过度热衷于回忆而在无意中创造出来的。因此，应该适当地运用这些策略。如果它们不能帮助你找回所寻求的记忆，就换其他更容易回想起的记忆——这些记忆更有可能是对过去的真实反映。

◆ 记忆实验室：养成回忆的习惯

如果你想花更多的时间反思自己的生活，你可以效仿HSAM患者，养成回忆的习惯。玛丽露·亨纳代表所有HSAM患者说："我知道，我之所以拥有如此强大的记忆力，部分原因是我一生都在本能地回顾自己的过去。"在本章的"记忆实验室"中，我们将探讨建立"自传体记忆"习惯的机制。这样做让我有机会讨论习惯及其养成，它们对任何记忆艺术实践者来说都是有用的知识。

习惯是一种特殊的记忆形式，类似于上一章的主题——技能，但又有自己的特点。阅读是一种技能，早餐时坐下来阅读报纸则是一种习惯。两者都是通过重复而建立起来的行为序列，但技能是复杂的、灵活的，并指向一个特定的目标，比如理解印刷文字，而习惯则更简单、更具体，灵活性也更低。事实上，如果我在餐厅吃早餐，我不会强烈要求把报纸放在面前，因为我看报纸的习惯是与在自家厨房餐桌上吃早餐联系在一起的。

因为习惯是例行公事般的自动行为，所以我们不需要有意识地去做。因此，当我们想要建立一种理想的新行为时，习惯特别有用。如果回忆能成为一种习惯，那么每当你处于触发情境时，它就会被激活。一旦出现这种情况，你就会进入亨纳所说的"自传体思维状态"（autobiographical state of mind），开始思考过去。这促使你从这里开始，审视自己人生经历的某个方面。

正如图12-8所示，习惯始于触发线索；接下来是行为的发生，在本例中就是回忆；最后一步是一个积极的结果，它就像一种奖励，鼓励人们在未来做出这种行为。习惯正是通过不断重复这一系列行为而养成的。

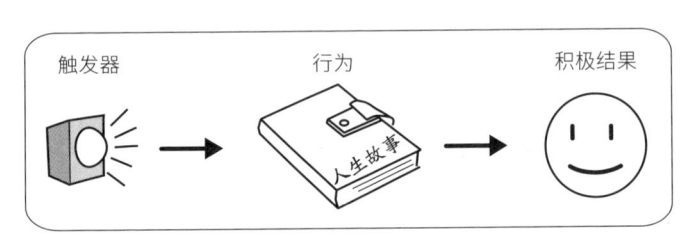

图12-8 习惯形成机制

- **寻找触发线索**

你要寻找的是一个特定的环境，在那里你可以停下来反思自己的经历，可以有几分钟的私人时间来回忆往事。据HSAM患者报告，他们习惯性地在刮胡子时、睡觉时、早上醒来时、堵车时、等待约会时或写日记时回忆过去。最强大的触发线索每次都指向相同感觉——相同的视觉、听觉和嗅觉。例如，吉尔·普莱斯早上吹头发的时候，就会触发她前几天相同时间段的记忆。

- **实施行为**

你还需要找到回忆的话题。如果你能提前选好这些话题，会对这一阶段有所帮助。可以考虑列出一份可能性清单，例如特定的人生章节、主题或事情。每天可以从列表中选择一个。回忆的时间长短由你决定，而我的建议是一开始时间不要太长，几分钟就好。

- **体验积极的结果**

对于大多数人来说，回忆的回报是建立在回忆过程中的。回忆过去以了解自己走过的道路或解决的问题，通常会让人感到满足。即使回忆是不愉快的，你也可以从另一个角度赋予它们不同的、更具建设性的意义。以下是玛丽露·亨纳对此的看法：

……试着用欣赏的眼光来看待不好的回忆，就像你翻阅十年未动的档案一样。每件物品都讲述了一个故事，多年后再看，你会对当时的理解有新的看法。当前的视角让你有了更客观的认识。你开始清楚地意识到自己为什么会做出某些选择，以及在未来遇到类似情况时会如何做出不同的决定。

总的来说，你应该期待你的大部分回忆都是美好的经历。这正是回忆具有建设性意义的原因，也是回忆似乎与幸福有关的原因。在这个阶段，回忆的积极结果也很重要，因为它可以作为一种奖励，通过鼓励重复来促进习惯的养成。

- **需要多长时间**

当习惯成自然时，它就被认为完全形成了。你会知道什么时候会这样：一旦触发线索，你就会进入"自传体思维状态"，在这种状态下，你自然地想要回忆往事。遗憾的是，你无法事先知道需要重复多少次。在一项研究中，学生们开始养成一些简单的习惯，比如午餐时吃一个水果，或者晚饭前跑步15分钟，平均需要66天才能将这些行为转变成自动的习惯。不过，每个学生的情况也不尽相同，从18天到254天不等！要想真正养成习惯，意味着要有耐心。

第 13 章
"巴黎"助记法

如果你能找到多功能的实用方法,可在日常情况下增强记忆力,比如记住购物清单、工作任务、约会、旅行路线,甚至是演说和简报,会怎么样呢?事实证明,只要利用一小部分久经考验、行之有效的助记法,你就能做到这一点。这些助记法具有广泛的适用性,值得所有记忆专家借鉴。图 13-1 列出了 5 种助记法——助记词(Peg words),首字母缩略词和离合诗(Acrostics and Acronyms),韵律与节奏(Rhymes and Rhythm),想象(Imagery),故事(Stories),并配以与其首字母缩写词"PARIS"(巴黎)相关的视觉图像。在前几章的"记忆实验室"部分,你已经看到了其中的一些技巧,我曾介绍过如何运用它们记忆每章的关键内容。现在,让我们来仔细研究一下这些助记法及其相关的助记模板。

Peg Words(助记词)
Acrostics and Acronyms
（首字母缩略词和离合诗）
Rhymes and Rhythm(韵律与节奏)
Imagery(想象)
Stories(故事)

图 13-1 "巴黎"助记法

◆ **助记词**

这是一个"心理记事本",可以帮助你记住任何以清单形式出现的信息。我经常使用它——它能帮我记住旅行前要做的事情、商店里要买的东西、员工会议上的承诺，或者半夜里想到的任务和点子。大多数情况下，这些信息我只需要用到一两天的时间。助记词是一组与你想要记住的事项相关联的具象词，是你以后可以随时检索到的单词。这种助记法以一组易于记忆的助记词为基础：

1是圆面包　2是鞋子　3是树　4是入口　5是蜂巢
6是棍子　7是天堂　8是大门　9是酒　10是母鸡

一旦你在记忆中建立起这些助记词——这不会花费很长时间——你就可以用它们来记忆任何10项以内的清单，方法是将清单上的第一项与圆面包联系起来，第二项与鞋子联系起来，第三项与树联系起来，以此类推。使其发挥作用的关键在于创造出记忆项目与助记词相互作用的戏剧性、独特的意象。因此，如果你想去商店买洋葱、西红柿和芹菜，你首先要创造一个洋葱和圆面包的形象——也许是洋葱汉堡，即面包里夹着一大堆洋葱片。接着，你再看西红柿，并试图用鞋子来做文章。你可以想象一只鞋踩在成熟的西红柿上，弄得一团糟。你还可以把芹菜和树联系起来，想象一棵巨大的"芹菜树"。

到了商店，背诵这组助记词"1是圆面包，2是鞋子，3是树……"，就会让你回想起这些画面，并触发对这些物品的记忆。研究表明，任何人只要尝试一下，就会明白其中的道理：如果你创造的图像能在助记词和清单项目之间建立起良好的联系，那么这种助记法就会为你带来极大的帮助。你也不必担心自己会混淆新的图像与上次记忆清单中的图像，这在实践中是不会发生的。最新的联想会成为你的记忆，这就像你上班时停车一样。昨天你把车停在哪里，并不会导致你记错今天停车的地方。

- **两大优势**

在助记法可以帮助记忆的两个方面，助记词策略都很出色。首先，它有助于组织材料，让你在需要时更容易被检索到。当你在头脑中搜索数字时，杂货清单上的每个项目都会依次提示出来。其次，助记词可以通过更好的编码来提高单个记忆项的可记性。在这里，助记词再次获得了高分。当你通过想象把杂货清单上的"洋葱"和作为助记词的"圆面包"联系起来时，记住洋葱的可能性就会大大增加。正如你所看到的，并不是所有的"巴黎"助记法在组织和编码方面都具有同样的优势，这使得助记词策略值得一提。它是一种简单、强大、优雅的列表记忆法。

- **弱点**

与其他形象化方法一样，当材料不容易形象化时，助记词策略就比较难用。考虑一下包含"保险"的待办事项清单。你决定把"保险"与助记词关联起来，可脑海中却没有具体的形象来表示它。解决这个问题的办法是用替代词。你可以寻找一个听起来与"保险"（insurance）足够接近的具象词，也许是"昆虫"（insect）。现在，你要把这个替代词与一个助记词联系起来，创造出一个形象。之后，当你用这个助记词来回忆"昆虫"时，它的发音就会帮助你联想到"保险"。我们在第7章中介绍过这种用于记忆人名的技巧。替代词是有效的，不过它们也增加了复杂性，需要努力克服这一困难。

- **助记词变体**

押韵是建立有用的助记词系统的几种方法之一。事实上，我们在第10章中介绍了另外一种方法，即记忆数字的"主要系统法"。该方法也是将具体的事物与特定的数字联系起来，而这些事物是根据其名称中的字母来选择的。这就产生了像1与tie、2与hen和3与ma这样的配对。它们的主要特征是辅音t、n和m，即数字1、2和3的既定编码。加入元音和其他不发音的辅音，就可以创造具体的单词。正如我们在那一章中所看到的，"主要系统法"可以很容易地为0~99每个数字提供一个具体的词。一些记忆大师使用这个系统来记忆列表，就像我使用押韵的助记词一样，前者的优点是可以处理10个以上的项目。另一种方法是用字母表中的A与ape、B与boy和C与cat等配对来构建助记词。这些方法中的任何一种你都可以使用，关键在于个人喜好。我将"主要系统法"用于记忆数字，将押韵助记词系统用于记忆清单式材料或列表。我发现与其他系统相比，我可以更快、更省力地记住押韵助记词。

◆ 首字母缩略词和离合诗

在前面章节的"记忆实验室"部分，你一定还记得这两种助记法。由于显而易见的原因，这两种助记法被统称为"首字母助记法"，它们为组织和记忆列表中的项目提供了有用的方法。与助记词法不同，这些助记法对抽象词和具象词同样有效。因此，我选择了一个首字母缩略词（"PARIS"）来表示本章的5种助记法。我们在第8章中看到了另一个例子，用来表示加强前瞻性记忆的3种方法（首字母缩略词为"ICE"）——执行意图、线索想象和夸大重要性。

首字母缩略词通常很短，一般不超过6个字母。首字母缩略词最好能发音，如"PARIS"和"ICE"；最佳的缩略词，是可识别的意义清晰的单词。其他著名的首字母缩略词有："HOMES"，表示五大湖（休伦湖Huron、安大略湖Ontario、密歇根湖Michigan、伊利湖Erie和苏必利尔湖Superior）；"RAPPOS"，表示美国宪法第一修正案的保护范围（宗教Religion、集会Assembly、请愿Petition、出版

Press、意见Opinion和言论Speech）。

"RAPPOS"这个缩略词很有意思，因为它包含了"意见"，而美国宪法第一修正案中并没有列出对"意见"的保护——"意见"属于言论自由的范畴。该缩略词的发明者可能是为了让两个P都能发音而加上了它，如果首字母缩略词是"RAPPS"，就只有一个P发音了。

离合诗在概念上与首字母缩略词很相似，但前者的优势在于组成一个有意义的短语，这使它们能够支持较长的列表。例如，第4章中"浪漫的龙"的离合诗——"浪漫的龙吃蔬菜，更喜欢洋葱"（Romantic Dragons Eat Vegetables And Prefer Onions），它提示了加强记忆的7条法则：记忆动机、深度处理、精细加工、可视化、联想、练习和组织。若使用与之相对应的7个首字母的缩略词（也许是"REDAVOP"）则显得烦琐且难以记忆。即使对于较短的列表，如果唯一可用的首字母缩略词无法发音或显得拗口时，离合诗也是一个不错的选择。第7章中如何记姓名和面孔的方法——找到特征、听、说、练习——就属于这种情况。"友善的羊驼寻找人"（Friendly Llamas Seek People）这句离合诗比笨拙的缩略词"FLSP"更好。不过，列表越来越长，将导致句子越来越笨拙。请看关于"电化序"的这首包含15个单词的离合诗："劣质罐装香肠让一个祖鲁人生病了，因此让更聪明的人杀死好猪（Poorly Canned Sausages Make A Zulu Ill, Therefore Let Highly Clever Men Slay Good Pigs）。"对应的15种元素为：钾（Potassium）、钙（Calcium）、钠（Sodium）、镁（Magnesium）、铝（Aluminum）、锌（Zinc）、铁（Iron）、锡（Tin）、铅（Lead）、氢（Hydrogen）、铜（Copper）、汞（Mercury）、银（Silver）、金（Gold）、铂（Platinum）。复杂的离合诗肯定比元素周期表更容易记忆，但要掌握它还需要一些努力和练习。创作者把它编成两个相对较短的句子是明智之举，这对那些必须学习它的人来说是一件好事。一般来说，随着记忆列表长度的增加，离合诗会越来越离奇古怪。在某些时候，谨慎的做法是转向所谓的"记忆宫殿"，我将在下一章中介绍这种方法。

首字母缩略词和离合诗的优势在于，通过对单词或短语中各个单词的首字母进行编码，使列表具有条理性，有助于记忆。这两种方法的另一个好处是，可以让你知道必须记住多少个项目，以及何时完成记忆。不足之处在于，它们并不能帮助你更好地记忆单词或短语——它们假定每个单词的第一个字母就足以唤起你的记忆。这可能是对的，也可能是错的。回到"RAPPOS"这个首字母缩略词，看看它是否成功地提示了美国宪法第一修正案所保护的范围。要是你发现自己遗漏了一些，你要知道自己并不孤单。这并不是说具体的保护范围是难词，也不是说这些保护范围太过陌生；问题在于它们没有被很好地联系在一起，以至于仅通过单字母线索无法检索到它们。对于我们中的许多人来说，只有加强练习并努力联想这些保护范围，这个缩略词才能发挥作用。这样一来，即使缩略词的提示作用相对较弱，我们也能回忆起它们。所以，这就要求我们练习助记法，直到保护范围很容易就出现在脑海中。

◆ 韵律与节奏

不知道该往哪边拧螺丝？请记住："右拧紧，左拧松。"（Righty tighty, lefty loosey.）遇到受惊吓的人？让他躺下，然后记住："如果脸红，就抬其头；如果脸色苍白，就抬其尾。"（If the face is red, raise the head. If the face is pale, raise the tail.）打算参加严肃的派对？请记住："啤酒加威士忌，非常危急；威士忌加啤酒，别怕出糗。"（Beer on whiskey, very risky; whiskey on beer, never fear.）

韵律和节奏长期以来一直被用作记忆辅助工具，这是有道理

的——它们都是有效的记忆线索。要了解原因,请再看看第9章中的打油诗:

亨　利
从前有个男孩叫亨利
他想提高自己的记忆
针对材料他反复练习
隔段时间就练习一次
大家称赞亨利好记忆

一旦你回想起那简单的第一行,你就成功了,因为第二行必须符合它的要求:(1)与"亨利"押韵;(2)遵循标准打油诗的节奏;(3)有意义。这就好像拼图中的三块拼图已经就位——押韵、节奏和意义,而下一块拼图必须与它们环环相扣。正如记忆研究者戴维·鲁宾(David Rubin)所指出的,这三个特征极大地缩小了下一步检索的范围,从而使记忆系统更容易找到后面的单词。韵律、节奏和意义既是记忆线索,也是记忆限制。这就是押韵格言或打油诗等记忆结构很容易被记住的原因。

押韵助记法总是有一种强调押韵词的节奏,正是这种语调模式使押韵成为一种记忆检索策略,并发挥出很好的作用。通常,我们不会在记忆中搜索押韵,因为我们可以脱口而出——bye,sky,high,die,前提是我们要有意为之。歌唱时,节奏的作用也在于它强调了必须押韵的词语。这就是"押韵模式"的信号,提示记忆系统搜索合适的匹配词。

即使没有押韵,节奏也能作为记忆线索并发挥作用,它在非凡的记忆奇迹中扮演了关键的角色。在罗马帝国时代,人们背诵整部《埃涅阿斯纪》(*The Aeneid*)的情况并不罕见,这是维吉尔(Virgil)

于公元前20年所创作的一部史诗，长达近万行。今天，有数百万被称为"哈菲兹"（Hafiz）的穆斯林将整部《古兰经》牢记于心。这部用阿拉伯语写成的作品包含6 000多节经文和80 000多个单词。与《埃涅阿斯纪》一样，它的诗句并不押韵。尤其令人印象深刻的是，许多"哈菲兹"居然不会说阿拉伯语，因此他们所背诵的单词对本人来说毫无意义。他们的努力始于学习阿拉伯语单词的发音，以突出《古兰经》段落的节奏。这种节奏成为他们的主要记忆辅助工具，他们在3年的学习过程中费力地掌握了一节又一节的经文。在本章的记忆形式中，韵律和节奏是与众不同的，因为它们不仅可以用于记忆列表，还可以用于其他目的。它们有助于一字不差地记忆文本。文本可能包含一种方法（如"亨利打油诗"）或一个建议（如"拧螺丝"），也可能是一部重要的作品（如《埃涅阿斯纪》）。韵律和节奏可以容纳创作者想要嵌入的任何文字内容。

◆ 想　　象

当然，在记忆艺术中，想象是无处不在的，我们在本书中也经常遇到。在这里，我们将介绍一种以想象为基础的基本技巧，它是所有记忆策略中最简单、最基本的一种。这种方法被称为"链接法"，它通过在成对的记忆项目之间建立一系列视觉联想来帮助你记忆一个列表，从而建立一个最终包含整个列表的想象链。我们在第11章中看到过一个例子，我用"链接法"记住了一次演说的主题。

由于这种方法简单易行，记忆老师经常用它来向新学生演示助记法的威力。伟大的记忆表演家和记忆培训师哈里·洛雷恩就是这方面的大师。在他的讲习班上，学生们还没坐稳，他就已经让他们记住了一份清单。以下内容选自洛雷恩众多著作中的一本，他向读者讲述了如何使用"链接法"来记住这一系列物品：信封

(envelope)、飞机（airplane）、手表（wrist watch）、药片（pill）、昆虫（insect）、钱包（wallet）、浴缸（bathtub）和鞋子（shoe）。

  从"信封→飞机"开始，首先想象一个信封。然后在头脑中将其与飞机"连接"起来：一个巨大的信封正像飞机一样飞行；飞机正在舔封这个巨大的信封；数百万个信封正在登上或离开飞机；你正试图把飞机塞进信封。你只需要一张图片，选择一张我刚才建议的图像，或者一张你自己想好的图像，然后多看几眼……
  接着是"飞机→手表"。新事物——手表，必须由飞机带入脑海。你能想象自己手腕上戴着一架大飞机而不是手表吗？或者飞机的每个机翼上都有一块巨大的手表，或者巨大的手表正像飞机一样飞行。
  ……

  他就这样，一对又一对，不厌其烦地帮助学生创造出视觉图像，将清单上的每一对物品都联系起来。完成后，他让学生们记住这些项目，学生们发现自己可以比较轻松地做到。最后，他让所有的学生倒序回忆清单，他们发现这也很容易。在学生们惊叹不已、积极性大增的兴奋状态中，洛雷恩顺利进入下一个主题。
  链接法非常适合洛雷恩的目的，因为它几乎不需要什么准备。不需要记住任何单词，也不需要编造任何短语，只需要发挥想象力，把成对的物品联系起来。一旦联想到位，你就可以在列表中逐项向上或向下移动。链接法的一个弱点是，可能存在"最薄弱环节"的问题，即如果你忘记了其中某个环节，就会卡住，陷入困境。万一你忘记的正好是清单上第一个项目，你可能会发现自己出现灾难性的失败，无法回忆起任何项目。这里的教训就是要对清单做充分的记忆练习，以便在记忆中牢固地建立联系。如果我担心自己记不起第一个项目,那么我就会创建一个初始链接,确保我能把它想起来。我使用船锚的图像,并将其与第一个清单项目联系起来。

总的来说,助记词法优于链接法,因为它不存在"最薄弱环节"的问题。如果你忘记了助记词系统中的一个单词,其他的不会受到影响,你只需要继续前进。尽管"链接法"有不足之处,但它也有优点。它易于应用——无须费心在头脑中编码/解码助记词。当你只想记住清单上的下一个项目时,比如必须记住演说中的下一个主题或购物清单上的下一个产品时,这种方法也特别有用。有了"链接法",你的记忆工作就会直接转向当时相关的想象链,也就是让你找到清单上下一个项目的想象链。

◆ 故 事

几个世纪以来,文化的集体记忆都是通过代代相传的故事来维持的。故事是天然的记忆工具。它们之所以效果显著,是因为它们发挥了记忆系统的优势。它们以意义为基础;它们组织材料;它们鼓励深度处理;它们包含详细阐述,并提供联想。毫无疑问,这些优势解释了为什么故事中的重要信息——伊索的智慧、《圣经》中的寓言、民间故事中的文化教益——是如此广泛地被人们所信赖。

只需在容易遗忘的信息中加入叙述,就可以利用故事的记忆优势,而且它还可以与任何其他记忆辅助工具结合使用。假设你在使用助记词来记忆购物清单时,联想到了"圆面包"和"洋葱"。要是你认为圆面包夹洋葱的汉堡似乎毫无新意,你甚至可以编一个故事来强化它:"这个汉堡参加了全国美食大赛,获得了大奖。它的特色是洋葱特别甜,一定会让评委们满意的。"这样一个简短而富有想象力的故事可以在很大程度上确保视觉图像能在你需要的时候准时出现。

故事也可以作为主要的记忆辅助工具。在第10章中，我们看到了一个例子，那就是中国人吕超记忆圆周率67 890位数字的方法。他把每一对数字都当作一个具体的物体来记忆，然后把一组物体编织成一个故事，再把这个故事和其他故事联系起来。他不断重复这个过程，直到他拥有了一长串故事，从而记住了大量的数字。

我们也可以采用同样的方法，围绕我们想要记住的物品编织故事。要记住一个购物清单——洋葱、西红柿、芹菜、牛奶和圆面包，你可以创作一段情节，把这些物品串联起来。例如：

一个"洋葱"走进一家酒吧，坐在一个熟透了的"西红柿"旁边。酒吧老板是一株高大的"芹菜"，他走过来，"洋葱"点了一杯牛奶。"芹菜"把酒杯从吧台上滑过来。"西红柿"讥笑道："在酒吧里喝牛奶？"然后继续吃她的圆面包，并小心翼翼地把每一块面包都放在自己面前的马提尼酒里浸泡一下。

将故事形象化，这和口头讲述一样对记忆有所帮助，排练一两次总是个好主意。研究证明，故事法是一种有效的助记法。在一项研究中，大学生将单词编入故事后所记住的单词数量，是没有将其编入故事时的6倍。随着测试时间逐渐延长，这种方法尤其显得成功。事实证明，这种方法也适用于老年人，对他们来说，故事法可能比其他助记法更容易使用。

故事通过叙述来组织记忆材料，并为回忆提供记忆线索，从而达到记忆效果。一个连贯的故事可以很好地实现这两个功能。但与"链接法"一样，组织和提示是由记忆材料本身提供的，因此如果你忘记了某个故事片段，就会产生多米诺骨牌效应。

当记忆项目清单不太长时，故事的效果最好。吕超将每个故事片段的记忆项目控制在5个左右，这也是我的例子中杂货清单的大小。想象一下，把这个故事扩展到15个记忆项——这将需要投入大量的时间和精力，而且最终的成品很可能是一个错综复杂的故事，因此很可能会出现纰漏。相反，如果清单不是太长，比如10个项目或更少，故事助记法就是一种既有趣又令人满意的锻炼记忆力的方法。在我的记忆课上，当我要求学生们尝试不同的列表助记法并选出最喜欢的助记法时，故事助记法总会成为他们的首选。

◆ 最后的思考

"巴黎"助记法是一种通用的记忆策略，适用于任何你可以插入其中的记忆材料。一旦掌握，你就可以在日常记忆中放弃书面笔记和电子设备，转而运用你的智慧和记忆技能。例如，当你去商店购物时，真的需要书面清单吗？去商店购物时不准备书面清单，回家时依旧能买到你想买的全部商品，这难道不是一件很有意义的事情吗？难道你就不能试一下用"巴黎"助记法来记住待办事项清单吗？你想问医生的问题呢？或者在给岳母打电话时，你会用哪些话题来活跃气氛呢？

"巴黎"助记法还可用于增强"自然记忆"。在商业演说中，你可以把想要表达的观点用列表助记法记下来——开场白→问题→方案1→方案2→建议。通过选择一个具象词来提示每个要点，并将它们联系在一起，你就可以在会前轻松地过一遍演示文稿。当你开始陈述观点时，你可能就不再需要助记法了，因为排练已经让你对信息了如指掌，并为你的"自然记忆"做好了充分准备。这种策略适用于任何场合——演说、求职面试、推销，在这些场合，你很可能需要在没有笔记或PPT的情况下流畅地发言。

当然，也许你不必使用助记法来记住我所说的那些信息——一张便条纸和一支铅笔就能让你应付所有情况。但是，"巴黎"助记法是一种有益的练习，对于记忆艺术实践者而言，它带来了一个接受心理挑战并迎接挑战的机会。它让你远离无处不在的智能手机和iPad，并锻炼你的心智资源。这样做的回报不仅是个人的满足感，还能让你知道，你正在充分利用自己最复杂的心理过程——工作记忆、注意力、自上而下的控制力、自律和自立。

在你的助记法中还可以增加一种技巧，一种可以牢牢抓住易变信息的方法。与"巴黎"助记法一样，它也适用于以列表形式出现的记忆材料。我将介绍的最后一种策略被认为是古代记忆艺术的顶峰，几个世纪以来一直被传授给学生，并受到从西塞罗和托马斯·阿奎纳（Thomas Aquinas）到约书亚·福尔和多米尼克·奥布莱恩等名人的推崇。这种非凡的增强记忆的方法，就是本书下一章的主题。

◆ 记忆实验室：试用"巴黎"助记法

了解"巴黎"助记法的最好方法就是试用它们。除了"韵律与节奏"策略外，它们不仅适用于记忆购物清单和待办事项清单，还适用于记忆约会时间、密码和方向。你可以从随机、具体的单词开始尝试，为此我提供了以下5个简短的列表。目标是：使用其中一种助记法将清单记住一两天。在执行过程中，既要享受成功的喜悦，也要注意失败的教训。通常情况下，你可以通过了解自己为什么会忘记某些东西来熟悉特定助记法的实用性。

助记词：草地（meadow）、鹳（stork）、肘（elbow）、包裹（package）、狐狸（fox）

缩略词：器官（organ）、尖塔（steeple）、指关节（knuckle）、脸盆（basin）、鹰（eagle）

押韵词：梅干（prune）、剑（sword）、柠檬（lemon）、辐条（spoke）、雕像（statue）

想象（链接法）：芦苇（reed）、钉子（nail）、路（road）、瓮（urn）、酒（wine）

故事法：边缘（edge）、乳制品（dairy）、拨浪鼓（rattle）、君主（monarch）、帽檐（brim）

第 14 章
记忆宫殿

2001年至2006年间，小安德鲁·卡德（Andrew Card Jr.）担任小布什总统（President George W. Bush）的幕僚长。卡德的职责是全天候管理总统的每日行程表，包括每一件待办事项，从安排重要会议到了解总统下次理发的时间。这是一份高风险的工作，充满了无穷无尽的关键细节和不那么关键的细节。在过去50年中，卡德担任这一职位的时间比他的任何前任都更长。

如果你认为卡德设计并维护了一套精心调试的档案系统或电子表格来安排记录他的工作，那你就大错特错。报道称，他很少在会议上做笔记，他的办公桌干净整洁，几乎空无一物，没有任何纸张。事实上，卡德的笔记、提醒事项和日程安排都在他的脑子里。他几乎完全是通过一个被称为"记忆宫殿"的非凡记忆系统来管理这份压力重重的工作的。

"记忆宫殿"中有一组固定的、众所周知的地点，人们可以很容易地想象出这些地点——比如家中的房间或附近街道上的不同地点。它通常被称为"地点法"（拉丁语中的"Loci"）。要使用"宫殿"，你需要在特定地点和需要记忆的信息之间建立起视觉联想，例如，你可以通过想象每件物品在"宫殿"中的不同位置——亚麻衣橱、餐桌、浴缸——来记忆购物清单。之后，在商店里，你可以想象着去到每个地方，发现自己所创造的图像，然后想起这些物品。

卡德的"记忆宫殿"是他儿时家中的厨房。厨房里的炉灶、台面、橱柜和其他厨房用具都是他的记忆存储空间。他在那里存储的信息比购物清单更复杂，但原理是一样的。每个事实或任务，都由一幅与特定地点相关联的心理图像来表示。《华盛顿邮报》2005年的一篇报道描述了卡德"记忆宫殿"的运行情况。

在处理头等大事时，卡德想象自己站在"炉灶"前，"前后两个炉灶"都在忙碌着。今天早上，将开展情报改革工作。他需要给几个人打电话："9·11事件"独立调查委员会主席汤姆·基恩（Tom Kean）和李·汉密尔顿（Lee Hamilton），众议员邓肯·亨特（Duncan Hunter）和詹姆斯·森森布伦纳（James Sensenbrenner）以及众议院议长丹尼斯·哈斯特（Dennis Hastert）。卡德说，他们"在我的右前方"。

卡德说："然后，我将工作重心转移到我的左前方，这是第二重要的工作。"他会帮助总统聘请内阁秘书，然后转到右后方（为第二任期聘请白宫工作人员）。卡德说："这些都是我在'厨房'里完成的。现在，那些我想搁置很长时间的事情，都放在'冰箱'里。不过，我到'冷藏室'去，一般都能想起很久以前放在那里的东西。"他会把昨天已解决或暂时搁置的事情存放在"橱柜"里。

2009年接受我的一次采访时，卡德详细介绍了他的"宫殿"，描述了其他位置，每个位置的设计都是为了服务于熙熙攘攘的办公室，需要处理不断变化的工作、新需求、危机和重要人物。他用"烤箱"来处理需要"保温"一两天才能解决的情况；"微波炉"用来处理需要快速完成的项目；"水槽"用来处理需要清理的杂物。当不再需要某件记忆物品时，卡德就会把它的记忆图像拿到"垃圾处理机"中"扔掉"。他说，在把任何东西放进"垃圾处理机"之前，他总是会停顿一下，问问自己是否真的想把它扔掉，因为一旦他把它扔掉了，那他肯定会忘记它。

卡德告诉我，他在会议上很少记笔记，而是集中精力选择和决定自己要记住什么，然后在心里把它们放在"厨房"的适当位置。

会议期间需要的信息，他也会从"厨房"里拿出来。在一天中，他会定期"清理厨房"——在头脑中回顾一遍，更新这个，处理那个，并刷新存储在厨房的信息。卡德使用这个系统已经好几十年了。

卡德对"记忆宫殿"的兴趣始于高中时期，当时他偶遇一位记忆表演者，后者向他介绍了这一系统。那次谈话，让卡德对记忆艺术产生了终生的兴趣。

很快，他就把这些方法运用到了学校作业和快餐店的兼职工作中。助记法对他来说是一种精神上的挑战，他的记忆技能不断提高，最终在白宫担任要职。我问过他，他认为自己天生记忆力超常吗。他说他不这么认为。相反，他将自己的非凡能力归功于在厨房工作时的精神修养。对他来说，这是一个既有投入又有收获的过程。

◆ 古代的"地点法"

卡德所擅长的"记忆宫殿"源于"地点法"，而"地点法"两千多年来一直是一种重要的记忆辅助工具。据传，公元前500年左右，希腊著名抒情诗人西蒙尼德（Simonides，又称"蜜舌诗人"）发明了这种方法。4个世纪后，西塞罗在公元前50年写下了对这位传奇人物的最完整记载。据说，一位贵族计划举办一场盛宴，请西蒙尼德为自己撰写了一首颂歌。当这首颂歌在宴会上被朗诵时，贵族被颂歌中专门描写两个年轻的神——卡斯托尔（Castor）和波吕克斯（Pollux）——的功绩部分吓了一跳。贵族被激怒了，他告诉西蒙尼德，他只愿意支付约定价格的一半，另一半由西蒙尼德向两位神灵收取。不久，一个仆人告诉西蒙尼德，外面有两个年轻人在等着见他。当他出门时，却发现门外一个人也没有。就在这时，屋顶坍塌了，屋里的所有人都被砸死了，而且被砸得面目全非，根本无法辨认。然而，西蒙尼德通过想象之前经历的场景，记住了死难者坐在桌边的具体位置。借助这种视觉记忆法，西蒙尼德得以帮助死难者亲属认领尸体。后来，西蒙尼德反思了这次经历，并根据"一组有组织的已知地点可以帮助一个人记住与之相关的任何事情"这一原理，创立了"地点法"。

西蒙尼德生活在古希腊古典时代的初期，当时建筑业蓬勃发展，民主政体正在兴起，教育越来越受到重视，识字越来越普遍，书面作品也越来越多。人们可能会认为，从口头文化转向书面文化会减少记忆需求，而不是增加记忆需求。但古典考古学家约瑟琳·佩妮·斯莫尔（Jocelyn Penny Small）认为，文字实际上产生了相反的效果，创造出更多对记忆技能的需求，还衍生出记忆艺术的市场。要了解其中的原因，就要考虑当时书面文本的性质。

一提到"书写"，我们就会联想到像你正在阅读的这样一页纸上的印刷文字，但你现在读到的文字（指原版英文——译者注）是由古希腊人和古罗马人创新并改进的文字。他们早期所采用的书写形式后来被称为"scriptio continua"（直译为"连写字"），一直沿用到公元1000年左右，在这种书写形式中，单词、句子或段落之间没有空格或标点符号。下一个段落以"连写字"的形式出现，只不过使用的是现代的英文字母和单词。"连写字"通常是一个音节一个音节地朗读，而不是一个字或一个词地读，读者在朗读时要听声音，再用声音和页面上的字母来解码信息。

THUSITWASTHATSIMONIDESDISCOVERYPROVIDEDATECHNIQUETHATHADPRACTICALVALUEFORSTUDENTSANDSCHOLARSITWASPICKEDUPANDDISSEMINATEDBYTHESOPHISTSAGROUPOFITINERANTINTELLECTUALSWHOTUTOREDSTUDENTSINPHILOSOPHYSPEAKINGANDWRITINGARISTOTLEPROVIDEDANADDITIONALBOOSTFORTHEMETHODBYENDORSINGITANDITISLIKELYTHATHEWASSKILLEDIN ITSUSE

手稿本身是一部长卷。像《伊利亚特》(*Iliad*) 这样的重要作品，在现代书籍中的篇幅超过400页，而手稿则由24卷组成，没有章节标题、大小标题、目录、索引，有时甚至连整部手稿都没有标题。可怜的读者要是忘了某个要点，就不得不回到卷轴中去仔细核对。事实上，文字的出现不仅没有使记忆技能过时，反倒使其变得必不可少。许多世纪后，字与字之间的间距、大小写、标点符号、段落、标题和一致的拼写等技巧才被广泛使用。

就这样，西蒙尼德的发现为学生和学者提供了一种具有实用价值的技巧。"智者派"(Sophists) 是一群周游各地的知识分子，他们运用该方法辅导学生学习哲学、演说和写作。亚里士多德也对这一方法表示赞同，从而进一步推动了其发展，而且他很可能熟练掌握了这一方法。

公元前146年，古希腊并入罗马帝国后，记忆艺术传播到西方，成为标准课程的一部分，被教授给那些正处在通往高级职业道路上的特权富家子弟。他们所学到的记忆艺术不仅能帮助学习，还能让他们在更多方面受益，因为记忆能力本身就受到罗马人的高度重视，其标志性的表现是在公共演说中。像西塞罗这样的杰出演说家广受钦佩，他们不用笔记就能发表雄辩的演说，令观众叹为观止。"地点法"为更多的演说家提供了技术支持。记忆学者玛丽·卡卢瑟斯 (Mary Carruthers) 认为，伟大的演说家们创造性地使用他们的"记忆宫殿"来分析复杂的情况，提出制胜的论点，还兼顾驳斥了对手的反对意见。

◆ 利玛窦及其"记忆宫殿"

尽管"记忆宫殿"的概念简单明了，但有关"记忆宫殿"实际使用情况的许多细节却难以捉摸。它们在教育中发挥了什么作用？材料能被记住多久？除了演说之外，"记忆宫殿"还在哪些场合有用？古代对记忆艺术的描述大多笼统而简短，因为人们认为它们的应用是常识。不过，有一个明显的例外：16世纪，一位名叫利玛窦（Matteo Ricci）的牧师。虽然他与古罗马时代的鼎盛时期相隔了许多个世纪，但他掌握了同样的记忆艺术，甚至还学习了西塞罗时代的文字。他的故事让我们了解到这些记忆辅助工具在现实世界中的应用。不过，在讲述利玛窦的故事之前，让我先介绍一下几个世纪间的一些发展情况。

经典的记忆艺术——可视化、组织和联想，以及"地点法"——在罗马帝国一直被代代传授和用于实践，直到罗马帝国在公元500年左右灭亡。大城市陷入混乱，教育基础设施消失，识字率急剧下降，随之而来的是大规模的动乱，记忆艺术也随之消失。令人惊讶的是，到了13世纪，当学者僧侣们发现了失传已久的描述记忆艺术的罗马文本时，记忆艺术又重新焕发了生机。其中一位修道士就是伟大的天主教神学家托马斯·阿奎纳，他是生于1225年，是一名多明我会修道士。托马斯得出的结论是，记忆技巧对寻求救赎的基督徒非常重要，因为"对许多事情的记忆"是作出明智道德选择的前提。在他的倡导下，助记法不仅成为一种实用技能，而且被视作一种美德。多明我会以及后来的耶稣会广泛传授托马斯的观点，在受过教育的精英中传播记忆艺术。早在16世纪之前，这些教会的学校和学院中就普遍开展了记忆力训练。

1552年出生于意大利的利玛窦就接受过这种训练。后来，他所学到的记忆技巧帮助他成功地成为一名被派往中国的耶稣会传教士。历史学家乔纳森·斯彭斯（Jonathan Spence）在撰写关于利玛窦生平的杰出著作《利玛窦的"记忆宫殿"》（*The Memory Palace of Matteo Ricci*）时，发现了许多关于利玛窦训练和生活的细节，这些细节揭示了利玛窦当时所用的助记法。

利玛窦于1571年加入耶稣会，在著名的罗马耶稣会学院接受了大部分培训。罗马耶稣会学院成立于1540年，以走在当时知识界的前沿为荣，并以繁重的人文、神学、科学和数学课程来培养学生。记忆力训练是这套教育体系中不可或缺的重要组成部分，利玛窦有机会接受专家的指导。斯彭斯认为，利玛窦的记忆力训练师之一可能是弗朗西斯科·帕尼加罗拉。据说帕尼加罗拉能够"在10万个记忆图像中漫游，每个图像都有自己固定的空间位置"。利玛窦很可能建造了许多"记忆宫殿"，作为他所接受的教育的一部分，就像一座记忆之城，用不同的结构容纳不同的主题。

利玛窦的"记忆宫殿"可能形式多样。其中一些肯定是他熟悉的大教堂之类的建筑，每座教堂的墙壁上都有许多记忆图像的位置。其他"宫殿"则可能是他在罗马或家乡马切拉塔走过的熟悉路线。沿途的地标性建筑都是理想的记忆"地点"。他的一些"宫殿"也可能是雕像或虚构人物的形象。图14-1中的这幅画作创作于1533年，格拉玛蒂卡（Gramatica）是"语法"（grammar）的化身，而"语法"是利玛窦所学习的7门文科课程之一。我是在历史学家弗朗西斯·耶茨（Frances Yates）的著作《记忆的艺术》（*The Art of Memory*）中找到这幅画的。她认为在古罗马时代和中世纪，都曾使用过类似的人物形象，作为"地点法"的变体。格拉玛蒂卡周围的神秘物体和字母被认为是语法原理的记忆线索，每一个都占据着图画中的特定位置，从而为这些信息创造了一座"记忆宫殿"。那个年代，每一门课程都由一个形象鲜明的人物来代表。例如，"语法"被描绘成一位严厉的老妇人。与此同时，"修辞学"则更具魅力，被描绘成一位高挑的公主战士，手持各种修辞手法的提示。其他的人格化形象，则分别对应"逻辑学""算术""几何学""天文学"和"音乐"。利玛窦很可能已经研究过这些图像，并对其作了定义和阐述，从而为每

图14-1 这张"语法"化身的记忆图像属于"地点法"的变体,其周围是记忆语法原理的线索

门学科的关键思想创建了"记忆宫殿"。

学习结束时,利玛窦应该已经创建了大量的"记忆宫殿",准备带着它们去传教。他能否在今后的岁月中利用所学的知识,在很大程度上取决于这些记忆辅助工具的功能,因为当时很少有西方书籍可以让他温故知新。1578年,他的第一站是印度。他随身携带的个人物品很少,长达6个月的艰苦航行必须轻装上阵。1582年,他离开印度前往中国,并在那里度过了余生。

利玛窦在中国的首要任务是学习当地语言,他将自己的记忆能力运用到了这项任务中。他研究了中国的表意文字并开始记忆,几乎可以肯定他是在自己的"记忆宫殿"中练习记忆的。到了1585年,他已经能够在没有翻译的情况下说中文,还能读中文,尽管读起来有些磕磕巴巴。1594年,他的汉语水平已经流利到可以轻松交谈的地步,他还能用汉语撰写书信和文章,受到当地人士的欢迎。在这个过程中,他发现中国人对记忆艺术也非常感兴趣。以下是他对1595年参加南京地区教育官员聚会的描述,在谈到记忆艺术时,他主动提出在现场进行演示。

我告诉他们在一张纸上随意写下大量汉字,这些字之间没有任何顺序规律,而我只需读一遍,就能按照原来书写的方式和顺序把它们全部记住。他们的确照我说的做了，写了许多毫无顺序规律可言的汉字。我在读完一遍之后，就能凭记忆按照原来的顺序默写出所有的汉字。他们都很惊讶，觉得这是一件很厉害的事。为了增加他们的惊奇，我又开始倒序背出那些汉字，从最后一个开始，一直背到第一个。他们都被我的演示惊呆了，简直不敢相信自己的眼睛。他们当场就恳求我教他们学会这种神奇的记忆艺术。

在这里，我们看到了一位记忆大师的工作片段。利玛窦的传记作者斯彭斯认为，这次演示涉及数百个表意文字。如果你尝试运用"记忆宫殿"策略，你会发现只要你有充足的时间来创造必要的意象，使用"记忆宫殿"并不难。你甚至会发现，倒序回忆和正向回忆一样容易。但是，像利玛窦那样在现场压力下临时使用"记忆宫殿"，则是完全不同的境界。他的成功表明，他一定针对这种技巧进行过大量练习。

中国人对记忆艺术的兴趣让利玛窦得以有机会与知名人士建立关系，提高了自己的地位，发展了社会关系。有一位新朋友是南京地区的总督，他非常希望自己的儿子能在中国的科举考试中取得好成绩。高难度的科举考试涵盖了数量惊人的材料，其结果可能会大大影响年轻人参加后续考试的机会。利玛窦主动提出教官员的儿子们学习西方记忆艺术，为考试做准备。为此，他用中文写了一本关于"记忆宫殿"的小书，赠送给总督和他的三个儿子。不幸的是，计划没有成功，不过失败的原因为使用"记忆宫殿"提供了宝贵的启示。

总督的儿子们并不是没有通过考试——事实上，他们考得很好。只是他们觉得利玛窦的助记法没有用，转而选择用自己的方法复习并参加考试。事后看来，这并不奇怪。虽然"记忆宫殿"的概念很简单，但将其应用于复杂的材料却需要技巧和经验。三个儿子不得不在没有进行过系统练习的情况下，仅凭对这一技巧的书面描述来记忆大量难度很高的材料，困难和挫折是意料之中的。对于任何有兴趣运用"记忆宫殿"方法的人来说，一条有用的原则是，从适度的材料开始，完成一个完整的"学习曲线"。

利玛窦的记忆艺术并不是中国人唯一感兴趣的东西。他们渴求西方的数学和科学知识，以及某些哲学方面的知识。利玛窦看到了另一种打开局面的方法，他开始准备这些主题的中文译本，这些译本可以在有影响力的读者群中广泛流传。利玛窦的理由是，如果他们喜欢这些书，他们可能会对更多宗教主题的作品持开放态度。

在某些情况下，例如欧几里得的《几何原本》，利玛窦是根据拉丁文原版翻译的。但在其他情况下，斯彭斯认为利玛窦是凭记忆写作的。因为斯彭斯在利玛窦的中文著作中发现他把在中国无法接触到的西方作品作为素材，包括伊索寓言、希腊无名哲学家和古罗马诗人的段落，而这些作品的节选与利玛窦艰苦的旅行并没有什么联系。斯彭斯认为利玛窦的译文忠于原文，那些都是利玛窦几十年前在罗马耶稣会学院学习过的内容，他很可能将这些材料仔细地记录在他当时所建造的"记忆宫殿"中。

• 长久的记忆

斯彭斯提出，利玛窦许多译作的原文都来自几十年前他所建立的"记忆宫殿"，如果这一说法是正确的，那么利玛窦的记忆确实非常持久。当代研究表明，在从历史、公民学、心理学、科学等学术内容课程所学到的知识中，约有30%在第一年就会被遗忘，而在4年后，这一数字会增加到70%。

是什么原因让利玛窦的记忆能持续数十年？"记忆宫殿"的两个特点值得参考。首先，建立"记忆宫殿"需要深度处理、组织和可视化。其结果是强化初始学习，这也是形成持久记忆的一个要素。其次，"记忆宫殿"一旦建立起来，就可以让人在没有书本或笔记等学习材料的情况下轻松演练其内容。利玛窦可以随时在他的"记忆宫殿"中开始精神旅行,依次回忆每一个事实。对他来说,"记忆宫殿"就像是记忆卡片的合集。利玛窦是一个执着的学生,如果他在大学期间时不时地对教材进行演练,那么这些演练可能会产生我在第9章中提到的"永久记忆库"。这些记忆是通过间隔检索练习所学到的学术内容,它们可以持续几十年,有时甚至长达50年。例如,如果你选修了一系列西班牙语课程,那么每门课都会为你提供额外一次练习词汇和语法的机会,从而形成持久的记忆,哪怕你在大学毕业后从未使用过这门语言。利玛窦的"记忆宫殿",可能也是如此。

- **衰落中的记忆艺术**

尽管记忆艺术在利玛窦时代的罗马耶稣会学院中已经得到了很好的发展,但在更广泛的欧洲文化中,一些新技术却导致了记忆艺术的衰落。一个世纪前,印刷术的发明意味着书籍的大量出现,这扼杀了人们学习记忆艺术的动力。批评者抨击记忆艺术训练是死记硬背、不着边际的学习,迂腐的教师则利用这种方法强迫学生记忆无用的事实。新教改革者断言,在记忆艺术中运用想象是不虔诚的天主教做法,会导致偶像崇拜。此外,理性时代和科学革命刚刚开始,各种新思想层出不穷。所有这些都意味着,对于越来越多的人来说,"记忆宫殿"要么过于迂腐和僵化,要么过于宗教化,要么过于老派,因此它不再被需要。最终的结果是,利玛窦娴熟运用的记忆艺术沉入默默无闻的境地,从此一蹶不振。

◆ 21世纪的"记忆宫殿"

毫无疑问,"记忆宫殿"早期曾发挥过重要作用,但这种古老的助记法在当今世界是否还有意义呢？事实上，除了记忆比赛之外，现在很少有其他场合会经常使用"记忆宫殿"。这可能是由于该方法需要花费大量的精力和练习，而且在现代，能派上用场的舞台也不明确。最初，我是出于好奇才尝试使用"记忆宫殿"这种方法的，很快我就发现，"记忆宫殿"不仅作为一种记忆策略令人着迷，而且具有真正的实用性。下面是我总结的几种记忆应用场景，丰富而多样，或许还能用在你的日常生活中。

- **记住清单**

上一章中任何基于清单的记忆应用——购物清单、待办事项清单、预约问题清单——都可以用"记忆宫殿"来处理。如果清单很长，比如超过10项，"记忆宫殿"就是我的首选助记法。对我来说，最有价值的应用是帮助我记住学生姓名。

在新课程开始的前几天，我会把学生的名字记录在我专门为此保留的"记忆宫殿"中。这座"记忆宫殿"沿着一条繁忙的街道一直延伸到购物中心。我对这个区域非常熟悉，可以很容易地在想象中穿行。通常记住一堂课的学生名字需要30个地点，而这条路线可以容纳多达70个地点。这些地点以10个为1组，便于做记忆练习。通过班级花名册，我在"记忆宫殿"中选择特定地点为每个名字创建记忆线索。例如，如果名字是"艾略特·贝克"（Elliot Beck），而下一个地点是"熊猫餐厅"的一张桌子，我就会使用第7章中记姓名的技巧，在该地点创建一幅图像，暗示艾略特的名字。我可能会想象政治家"艾略特·斯皮策"（Eliot Spitzer）坐在桌旁，长着鸟一样的喙（beak）。接下来是"格雷琴·伯恩斯"（Gretchen Burns），我来到路线上的下一个地点"虎爪美甲沙龙"（Tiger Paws Nail Salon），选择一把特定的椅子，为她的名字创建记忆图像。我反复在这座"记忆宫殿"中练习，直到对班级名单了如指掌。第一天上课时，当我见到每个学生时,我都会把一张张面孔和一个个熟悉的名字联系起来,这大大减轻了我的工作量。下课后,我会立即回到"记忆宫殿"。当我读到每一个名字时,我都会努力回想与之对应的面孔,以强化名字和面孔之间的关联。到了第二周,我通常已经记住了所有学生的名字,不再需要"记忆宫殿"了。在接下来的几个月里,我会慢慢忘记这些名字在"记忆宫殿"里的位置,直到新生到来才会再次用到这座"记忆宫殿"。

- **记住日常计划**

小安德鲁·卡德运用"记忆宫殿"来管理白宫事务,给人留下了深刻的印象,我对此特别感兴趣,因为他记忆的内容会随着新项目的加入和旧项目的过时而不断变化。我决定尝试使用类似的系统,看看效果如何。那是将近10年前的事了,现在我仍然觉得它很有用。它已经取代了约会日历、便笺和便条,成为我管理日常生活细节的工具。

这座"记忆宫殿"位于我的车库,它由一系列地点组成,就像卡德的厨房炉灶上的四个炉头,每个地点都足以放置多个记忆图像。"记忆宫殿"的第一个地点是车库远处靠门的墙上的一个架子。我想象架子上有四个物品——一把劈柴用的斧头、一套园艺工具、一盒植物化肥和一个水管喷嘴——每个物体都可能是一幅记忆图像的位置。这些物品在架子上均匀摆放着,被充足的光线照亮。值得注意的是,这个架子是我想象出来的,现实中的架子并不那么井然有序,物品在架子上是随意摆放的。我"记忆宫殿"里的架子永远是一个样,我通过将记忆线索与其中一个位置联系起来,以记住各种任务和约会。例如,我需要更新我在某个专业协会的会员资格,所以我的记忆中就有"一把斧头深深插入协会标志,将其一分为二"的画面。园艺工具与我所服务的咨询委员会的下一次会议有关,而植物化肥盒则被咬了一大口，提醒我记得去做牙齿检查。如果有必要，我还可以为预约的日期和时间制作一个记忆辅助工具，但没有这个必要。因为我经常进入"记忆宫殿"，当我看到这个盒子时，我就可以刷新对预约时间的记忆——5月7日上午9：00。

下一个地点是车库墙下更远处的另一个架子。架子上放置着其他物品，这些物品也定义了记忆图像的位置。今天，这里有我一直拖延的房屋维修线索，有我应该更换的坏钻头，还有我需要购买的打印机墨水。当我处理完其中一项任务后，它很快就会被遗忘，这个位置就可以用来放置新的物品。

接下来还有10个地点，分别位于橱柜、工具箱、抽屉和工作台上。每个地点都包含一些物品，我把它们与我生活中某个特定领域的相关提醒联系起来——一个位置是我活跃的社区团体的，一个位置是记忆课程的，一个位置是爱好和兴趣的，一个位置是家庭的，一个位置是朋友的，一个位置是健康的，还有一个位置是本书项目的。我几乎每个工作日的早晨都会访问"记忆宫殿"。对我来说，这是一段宁静的时光，因为我会在脑海中进入每个位置，寻找那里所存储的记忆线索。当我访问完"记忆宫殿"的所有位置后，我就完成了一整天的计划。

- **记住事实**

"记忆宫殿"的一个传统用途是保存静态信息，比如利玛窦在罗马耶稣会学院时期保留下来的事实。如果我是一名私人飞行员，也能建一座"记忆宫殿"，专门用来记忆航空知识。它在我的想象中是围绕着我驾驶的飞机而建造的。我在左侧机翼上描绘了一个圆顶结构，并在其中设置了三个独立的记忆位置。每个位置都包含提示空域规则和惯例的图像。在飞机前方螺旋桨旁边，停着一辆联邦航空局的SUV——黑色的萨博班（Suburban），这是另一个假想的记忆区域。车上不同的位置与各种规定的提示相关联。飞机右翼的记忆提示代表不同飞行状态下的规程。尾翼表面是天气情况。我主要是在春季飞行季开始时使用这座"记忆宫殿",对关键事实进行"心理预演"和记忆练习,以便在需要时能够轻松地想起这些事实。

在构建事实的"记忆宫殿"时,第9章提出的建议非常管用。首先是组织材料,将其分割成小块事实。其次是为每一个事实找到一个可以直观关联"记忆宫殿"中某个位置的线索。一旦所有的线索都与特定的位置相关联,你就可以通过在头脑中穿越"记忆宫殿"来记住这些事实。

第9章中的"亨利打油诗"概括了记忆事实性材料的步骤,该助记法再次显示在图14-2上。在这张视觉图像中,字母"H"是亨利(Henry)的首字母线索,表示"停"的圆形标志是SCRR法(分段-线索-检索-复习)中第一个单词"segment"的首字母线索,而哑铃中的数字"5"则为"五法则"提供了线索,"DD"代表"必要难度",以提醒人们,当需要付出一定的努力来记住事实时,复习才会最有益处。"记忆宫殿"将这种助记法提升到了一个新的高度。

图 14-2　第 9 章中的事实助记法同样适用于"记忆宫殿"

- **记住一副扑克牌**

正确记住一副扑克牌的顺序,这个能力对于那些对记忆艺术感兴趣的人来说,可谓极具吸引力,我也不例外。这是记忆比赛的标准项目之一,选手在比赛中展现出惊人的技巧。目前,记住52张扑克牌的世界纪录是21秒。前世界冠军多米尼克·奥布莱恩曾经一口气记住了54副共2 808张扑克牌。这些高难度任务都是在"记忆宫殿"里完成的。

我的野心要小得多。对我来说，这只是一种娱乐性的挑战，而不是竞赛，记忆的速度也不是重点。我的办公桌上就放着一副扑克牌，我时不时就会被它吸引。我洗牌，然后尝试记忆。当我发现自己能把它们全部都记住时，会感觉连生活都变得更美好了。

第一个要求是要有一种扑克牌编码方法，以便将它们放入"记忆宫殿"。扑克牌的牌值，如"梅花2"或"方块3"，过于平淡，不容易记住，因此记忆大师将它们与具体的事物联系起来。我的方法与哈里·洛雷恩等前辈描述的方法类似。在这种方法中，"梅花2"（two of clubs）变成了"硬币"（coin），"方块3"（three of diamonds）变成了"贵妇人"（dame）。这两个词都可以在"记忆宫殿"中具象化。表14-1是完整的助记词表，仔细观察就会发现其中的规律。每个助记词都以花色的首字母开头，比如"梅花"（clubs）的首字母"c"。牌值相同的牌有相似的助记词——硬币（coin）、沙丘（dune）、母鸡（hen）和太阳（sun）分别代表4种花色中的"2"。这种编码方式的起源是第10章中所介绍的记忆数字的"主要系统法"。其中，"2"用"n"表示，"3"用"m"表示，"4"用"r"表示，以此类推。如果你了解"主要系统法"，这种扑克牌编码就特别容易掌握，这也是我深受其益的方法。约书亚·福尔和多米尼克·奥布莱恩等记忆力竞赛选手使用的是更复杂的编码系统，可以将多张卡片放在"记忆宫殿"中的同一个位置。当速度成为第一要务时，运用这些系统所需的努力就显得合情合理了。即使是我所使用的这种要求不高的系统，也需要大量的助记词练习才能熟练掌握，这在开始记忆扑克牌之前是必不可少的准备。（如果你决定尝试记住一副扑克牌，可以先从一种花色开始，比如梅花，第一步先熟练记住这组花色的顺序。）

表14-1 扑克牌的助记词表

牌值	花色			
	梅花（Clubs）	方块（Diamonds）	红桃（Hearts）	黑桃（Spades）
A	Cot	Date	Hat	Suit
2	Coin	Dune	Hen	Sun
3	Comb	Dame	Ham	Sum
4	Car	Door	Hare	Seer
5	Coal	Doll	Hail	Sail
6	Cage	Dash	Hash	Sash
7	Cake	Dock	Hog	Sock
8	Cave	Dove	Hoof	Safe
9	Cop	Dab	Hoop	Soap
10	Case	Dose	Hose	Suds
J	Club	Diamond	Heart	Spade
Q	Cream	Dream	Queen	Steam
K	King	Drink	Hinge	Sing

这座"记忆宫殿"需要52个地点。我的"记忆宫殿"从我家门口开始，一直延伸到家附近好一段距离，每10张牌为一组。为了记住扑克牌，我创建了大量图像，将每张牌的助记词与"记忆宫殿中"的某个位置联系起来。因此，如果当前的牌是"红桃4"，助记词是"兔子"（hare），而当前位置是邻居家的信箱，我就会想象一只长耳朵、表情哀怨的兔子被塞进信箱。第4章中关于视觉图像的建议在这里会很有帮助。我尽可能让图像与众不同，并试图让它们与所在位置产生某种互动。当我创建好这些扑克牌的图像后，我就会回到"记忆宫殿"，一一回忆它们，这就是我的"关键时刻"。

◆ 最后的思考

"记忆宫殿"利用了我们复杂视觉系统的两种不同功能。一个是记忆位置的能力,这样我们就能在环境中找到方向。另一个是记忆我们所遇到事物的能力。对位置的记忆和对事物的记忆,这两个特征满足了列表助记法的两个基本要求:组织材料,并为记忆单个项目提供编码帮助。这两个特点加在一起,使"记忆宫殿"成为迄今为止最强大的记忆系统之一,它用于记忆那些可以用视觉图像表示的互不关联的信息。当然,它最明显的用途是记忆列表。有时会被忽视的一个应用是,利用它可以轻松地对重要信息做"心理预演"。在这里,"记忆宫殿"就像抽认卡一样,可以让记忆变得足够强大,甚至在任何需要的时候,都可以不通过"宫殿"就回忆起来。

◆ 记忆实验室:本书的"记忆宫殿"

这是"记忆实验室"的最后一期,在这里,我邀请你创建一座"记忆宫殿",帮助你回忆起前面每一章中的关键点。请把它想象成利玛窦用来记忆已学科目的那种"记忆宫殿"。

第一步是确定"记忆宫殿"的位置。在你可以实际经过的固定路线上选择合适的地点,比如你家周围或附近。例如,地点可以是厨房里的桌子、炉灶、水槽,浴室里的浴缸、镜子,书房里的电脑桌、书架等。你需要13个地点,并在心里默记路线,直到不会忘记为止。

图14-3、图14-4和图14-5显示了你需要放在这些位置上的13幅图像。每一章都有一幅,它们提示了本书的主要观点和记忆策略。在你开始把它们放进"记忆宫殿"之前,我建议你先准备一份书面摘要,阐明你希望每幅图像提示的事实,以后你就可以用它来检查

自己的记忆。

现在，请想象与这些位置产生互动的13个线索，并把它们放到13个相应的位置上。然后在"记忆宫殿"中穿梭演练，回忆每幅图像和相关事实。"记忆宫殿"的一个好处是，你可以在任何地方演练，即使是你在床上缓慢入睡时。事实上，中世纪的僧侣们认为，晚上躺在床上是做记忆练习的最佳环境之一，因为很少有人会分心。无论你在哪里进行练习，如果你想像利玛窦一样长久地记住知识，间隔检索练习是必不可少的。

图14-3　第1章—第4章的视觉图像

第14章 记忆宫殿 233

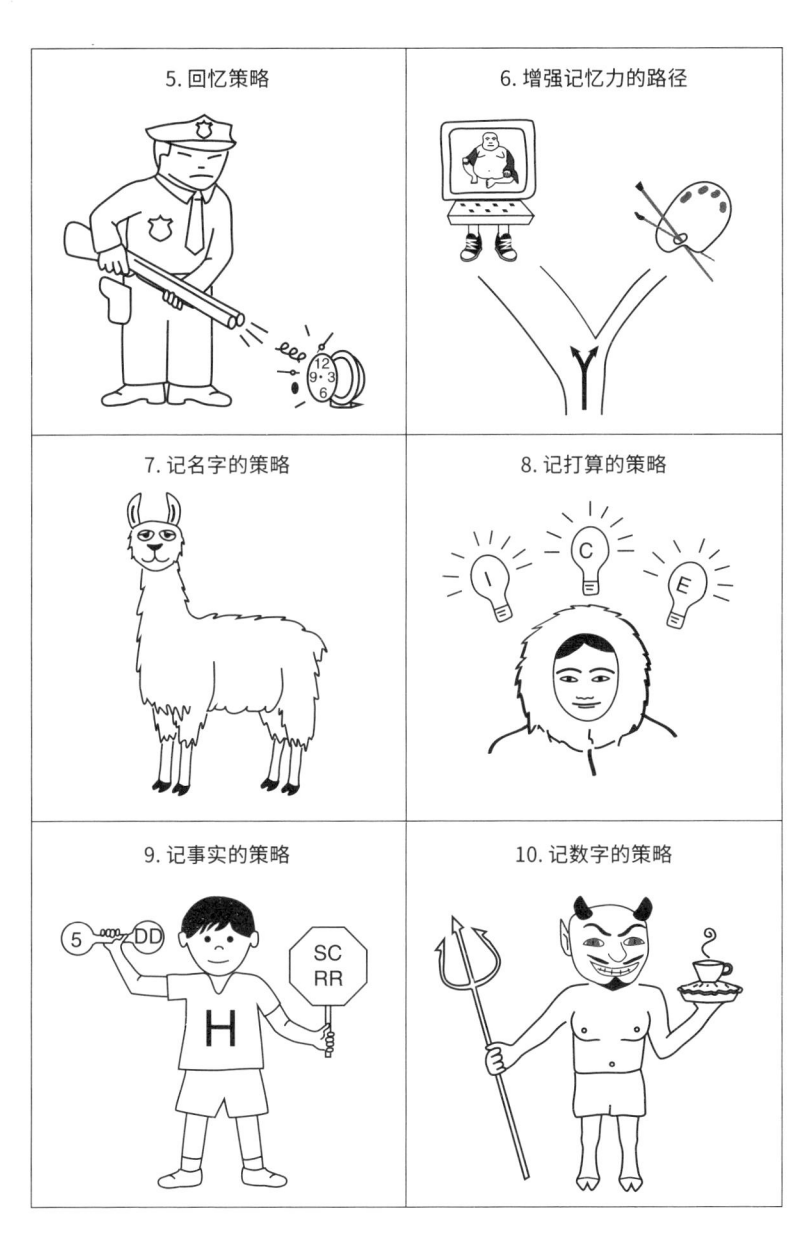

图14-4 第5章—第10章的视觉图像

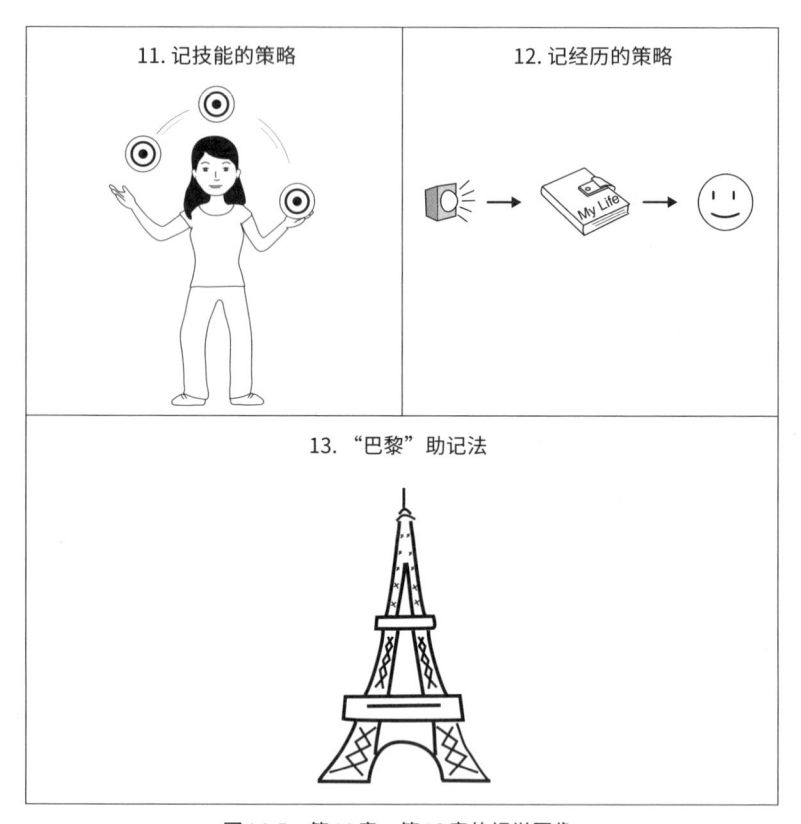

图14-5 第11章—第13章的视觉图像

第15章
思维模式对记忆的影响

假设你在宠物公园观看小动物嬉戏时,遇到一对漂亮的夫妇。你们聊了几句,后来在离开时,你向他们道别,并叫出了每个人的名字。这就是一次成功的回忆,当你和你的爱犬回到车上时,你应该为此感到高兴。

对于你那天为什么能成功地记住他们的名字,每个人都有自己的看法,这是人类天性使然。也许是因为你天生记忆力特别好;又或者,你的成功是由于你为记住名字所付出的努力和使用的记忆策略。把成功(或失败)归因于天赋差异还是个人努力,这两者之间的区别似乎微不足道,但事实并非如此。你解释记忆结果的方式会影响你对记忆力的态度——你认为它是如何发挥作用的,以及要如何改善它。这种态度甚至会影响你希望记住的内容。

斯坦福大学的研究员卡罗尔·德韦克(Carol Dweck)把这两种不同的态度称为"思维模式"(mindsets)。在固定型思维模式(fixed mindset)下,你认为自己的表现是相对不可改变的个人特质的结果,比如天生的记忆力。成长型思维模式(growth mindset)则认为,结果反映了你的努力和技巧,只要你努力,就有可能取得进步。要了解这两种思维模式的区别,可以参考德韦克和克劳迪娅·穆勒(Claudia Mueller)的一项研究。

这两位心理学家要求五年级的孩子解决类似图15-1中的推理问题,这些问题共有三个独立环节。第1个环节之后,每个孩子都被告知自己做得非常好。伴随着好消息,一些孩子的天赋得到了表扬:"你能做出这些题,一定很聪明。"另一些孩子则因为努力而受到表扬:"你能做出这些题,得益于你的努力。"穆勒和德韦克认为,这些不同形式的表扬，会鼓励孩子们采用固定型思维模式或成长型思维模式来评价自己的成功，而这项研究的目的就是要看看不同的思维模式是否会产生延迟效应。研究人员怀疑很可能会存在这种效应，尤其是当孩子们遇到不成功的情况时。毕竟，一方面，如果做得好意味着你很聪明，那么失败又意味着什么呢？另一方面，如果做得好是源自努力，那么失败就会产生另一种影响。

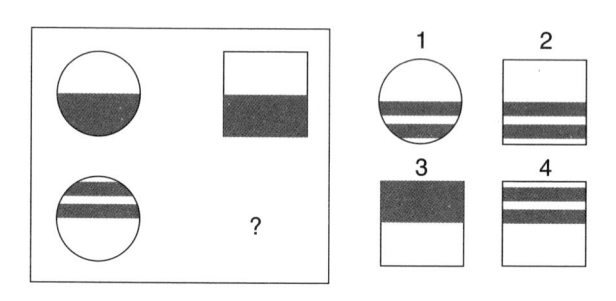

图15-1 穆勒和德韦克研究中给五年级学生出的推理题（节选）

为了探究这个问题，研究人员在第2个环节给孩子们来了一剂失败的"猛药"，出了一组比第1个环节困难得多的新题。孩子们做完后，研究人员告诉他们，第2个环节表现不佳。现在，第3个环节已经准备就绪，孩子们将遇到与第1个环节难度相似的新问题。他们将如何从失败中站起来？他们受到的差异化表扬会有什么不一样的影响吗？图15-2比较了孩子们在第1个和第3个环节中回答正确的问题数量。那些因努力而受到表扬的孩子，成绩有所提高，而那些因天赋受到表扬的孩子，成绩却下降了。这是怎么回事呢？

穆勒和德韦克认为，对两组孩子来说，不同的思维模式赋予了失败不同的意义。当那些因为聪明而受到表扬的孩子后来经历失败时，他们倾向于认为这是能力不足的表现，这就降低了他们解决更多问题的动力。而那些被告知成功是因为自己努力的孩子则可能把失败解释为缺乏努力，这反倒使他们在第3个环节中更有动力。

孩子们今后愿意接受何种挑战？两组测试对象也存在差异。第一次成功的推理之后，我们问他们还想研究什么类型的推理问题，大多数被夸奖聪明的孩子（67%）选择了"不太难的问题，这样我就不会错太多"。他们希望避免失败，因此会选择安全的、涉及简单问题的选项。曾因努力而受到表扬的孩子，绝大多数（92%）选择了"即使我看起来不那么聪明，我也能从中学到很多东西的问题"。对这些孩子来说，失败的负面影响要小得多，他们被具有挑战性的问题所吸引，这些问题为他们提供了学习更好策略的机会。

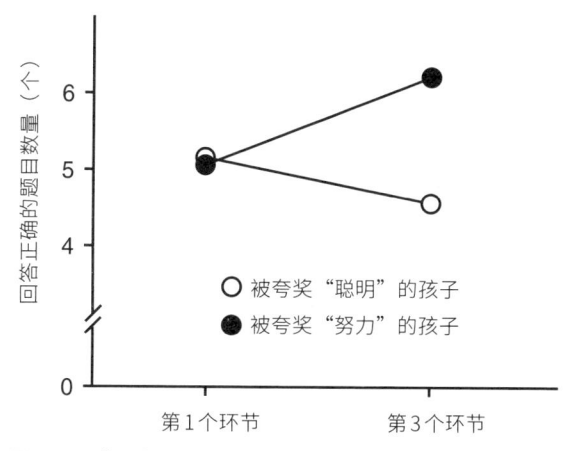

图15-2　遭遇失败前后，孩子们在推理问题上的表现对比

目前，已有大量关于思维模式重要性的研究。最近的一篇综述性文献总结了85项研究，得出的结论是"思维模式很重要"。人们是将先天能力视为一种可以提高的技能，还是一种固定的事实，会影响他们在许多领域的表现，包括学业成绩、体育运动水平、企业领导力、减肥成效以及恋爱关系的状态等。拥有成长型思维模式的人更乐于接受新事物，他们在失败后更有韧性，也更愿意接受挑战。

这一见解与记忆艺术实践者息息相关。当你回忆今年奥斯卡金像奖的提名电影时，你的朋友说"你的记性真好"，你很可能会把这归功于你天生的好记性。事实上，这正是你朋友赞美你的本意。虽然这在当时会让你受宠若惊，并增强你的自信心，但从长远来看是有问题的，因为它并没有让你做好应对记忆失败的准备，而你肯定会在某些时候经历记忆失败。这就会限制你的记忆技能发展，因为在提高记忆力方面，失败比成功更有帮助——只要你能从中吸取教训。我们应该对记忆力水平抱有正确的心态，一种强调通过努力和策略来成长的心态，必然能为提高记忆力奠定基础。它还会让你更愿意接受可能失败的记忆挑战，例如记住小组中新成员的名字，或者不用纸和笔就记住电话号码，或者在没有笔记的情况下演说。有了成长型思维模式，你会更愿意尝试这些挑战，并从中有所收获。

◆ 思维模式和刻板印象

成长型思维模式对老年人尤为有益，因为他们普遍受到一种刻板印象的影响，即年龄的增长会导致生理上的认知衰退和相关的记忆障碍。许多老年人都接受了这种观念。每当有人忘记了上周读过的一本书的名字，或忘记自己本打算去取的干洗衣物时，我们就能看到这种观念的普遍存在。他们懊恼地说："哎呀，老糊涂了。"这种说法是可以理解的，大多数老年人都知道自己的记忆力不如从前敏锐，"高龄时刻"的说法反映出他们的个人经历以及社会对衰老的刻板印象。但事实上，记忆力减退的真正原因永远无法得知——也许与年龄有关，也许与年龄无关。各年龄段的人都会遗忘，这是不争的事实。倘若他们有兴趣提高记忆力，那么把记忆出错统归咎于"高龄时刻"就是无济于事的。要想知道为什么，请想一想这种说法到底是什么意思。它暗示记忆出错是年龄造成的后果，因此是一种永久的、固定的状况，将来还会产生更多的记忆错误。虽然这只是一个轻率的观点，但它会破坏改善记忆力的努力，甚至成为一种自我暗示——一旦这种刻板印象深入人心，人们的期望值就会下降，为记忆力低下埋下伏笔，是否真的存在与年龄有关的因素在起作用，反倒已经不重要了。

凯瑟琳·哈斯拉姆（Catherine Haslam）和她在埃克塞特大学（University of Exeter）的同事对60岁到70岁之间的老人进行了一项研究，其结果显示，刻板印象的影响可能是巨大的。参与者被告知，这项研究的目的是调查不同年龄段的人在认知测试中的表现，他们得到的材料包括一篇关于衰老与记忆力衰退呈正相关的杂志文章。接下来，研究人员设计了巧妙的转折。一半测试对象被告知，杂志文章研究的对象是40岁到70岁之间的人，这就让他们处于年龄段中"相对年老"的一端。另一半人则被告知，研究对象的年龄段是60岁到90岁，这就把他们放在了"相对年轻"的一端。之后，所有参与者都参加了记忆测试——阅读故事，并立即回忆故事内容，30分钟后再回忆一遍。结果如图15-3所示，那些认为自己"年老"的人符合刻板印象，记忆力很差。你在看条形统计图的时候，请记住两组人之间唯一的年龄差异只存在于他们的头脑之中。

研究人员对认知能力受刻板印象的影响进行了广泛研究，研究结果提供了充分的证据。当现实情境中的某些东西——比如哈斯拉姆研究中的杂志文章——触发了刻板印象，这个过程就开始了。刻板印象被激活后，那些认为自己年老的人往往认为自己在接下来的记忆测试中会表现不佳，因此他们没有像另外那些认为自己还比较年轻的同龄人那样努力。

刻板印象效应会带来毁灭性的后果。哈斯拉姆和她的同事发现，激活对年龄的刻板印象会人为地降低一些老年人在筛查测试中的分数，以至于他们达到痴呆症的诊断标准。对许多老年人来说，痴呆症是他们最害怕的健康问题,其严重程度甚至超过了癌症。而且,消极的诊断结果还带来了新的,甚至更具贬义色彩的刻板印象,使之陷入恶性循环。

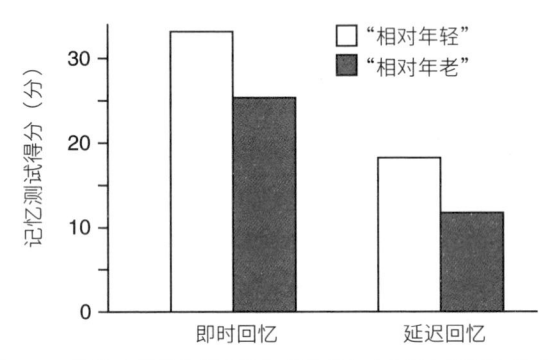

图15-3 认为自己偏年轻或偏年长的老年人在记忆测试中的表现

好消息是,并不是每个人都会屈服于刻板印象。最有可能接受刻板印象的对应人群是那些对能力持有固定型思维模式的类型,如果他们恰好又属于像老年人这样的弱势群体,他们就更有可能将刻板印象投射到自己身上。如果鼓励人们采用成长型思维模式,他们就不那么容易受到刻板印象的影响。

研究人员杰森·普拉克斯(Jason Plaks)和艾莉森·查斯滕(Allison Chasteen)与一群70多岁的老年人合作,调查思维模式的改变是否会对记忆力产生立竿见影的效果。他们给一些人提供了倡导成长型思维模式的材料,给另一些人提供了支持固定型思维模式的材料。接下来,所有人都接受了记忆测试。那些阅读了倡导成长型思维模式的材料的老人,记忆力比固定型思维模式组的同龄人高出15%,这种差异,已显著到足以在日常生活中引起注意的程度。

并非只有老年人才能从成长型思维模式中获得特别的益处。持有这种思维模式,可以帮助任何对自己的记忆力期望值较低的人。

他们可能是被诊断出有学习障碍、ADHD、轻度认知障碍或脑外伤的人。低期望值也可能是过去表现不佳的遗留问题，如学业失败。上述消极情况中的任何一种，都会让人产生耿耿于怀的信念，认为自己有认知缺陷，包括记忆力不好。当这种负面信念与认为认知能力无法提高的固定型思维模式相结合时，低期望值和薄弱的动机就会被锁定，从而造成额外的障碍，进一步降低学习成绩。但事实上，一个人的局限性和潜力都是永远无法准确界定的。采用"努力和策略可以提高成绩"的成长型思维模式，可以让一个人最大限度地向前迈进。

◆ 培养成长型思维模式

我们从周围的世界——父母、同伴、老师、名人和媒体——汲取思维模式。它们成为我们对能力如何产生以及如何提高能力的假设。对于不同的能力，我们可以有不同的思维模式，例如，我们可能认为运动能力是先天的，但音乐能力是可以通过练习而获得的，反之亦然。我们甚至可以对同一种能力持有两种思维模式，例如，我们认为虽然天生的记忆力是固定的，但运用记忆技巧的能力可以通过努力和策略来提高。这些思维模式并不是一成不变的。本章所引用的研究表明，思维定势可以通过干预措施来改变，例如教师给予学生的表扬方式，或人们阅读的差异化的教育材料。

记忆艺术实践者能够很好地培养关于记忆的成长型思维，因为这些技巧是建立在学习技能和实践的基础上的。还有一个因素是必要的，它与记忆艺术实践者的目标有关。卡罗尔·德韦克指出，成就目标可以有两种不同的形式，而其中只有一种完全支持成长。

她推荐的目标被称为"掌握型目标"（mastery goal），其重点是发展和保持能力。"掌握型目标"是关于接受挑战和迎接挑战的，它们将失败作为过程的一部分，不断改进才是主旋律。德韦克将"掌握型目标"与"绩效型目标"（performance goals）做了对比，在"绩效型目标"中，你会为自己的成功寻求表扬，并尽量避免失败可能带来的负面反应。因此，在"绩效型目标"中，防止失败的需要比扩充和发展的需要更重要。当这类目标占据主导地位时，记忆技能的进步就会放缓，甚至脱轨。

我认为，为不断进步创造条件的最佳方式，是有意将成功和失败理解为努力和策略的反映，努力实现"掌握型目标"，争取微小的进步，并在这一过程中获得满足感。

◆ 最后的思考

我选择把对成长型思维模式的讨论作为本书结尾的主题。正如我们在前几章中所看到的，关于如何提高记忆技能的知识非常丰富。人类对记忆的科学理解取得了革命性的进步，为记忆策略提供了比以往任何时候都更好的理论基础，以应对日常生活中的挑战——记住姓名和面孔、数字和事实、技能和打算，甚至是你自己的人生经历。要想充分利用各种机会发展记忆力，你最需要添加的就是成长型思维模式和提高技能的决心。

令人值得深思的是，在各种电子设备出现的同时，我们的生活中依旧出现了这么多提高记忆力的机会。诚然，电子设备可以管理我们生活中的信息，让我们不再需要亲自记住这些信息。在存储和获取信息的环节，可以说我们对传统记忆艺术的需求正在减弱。只要有一部智能手机和网络连接，你就可以应对我在本书中提到的许多记忆难题。但是请记住，被记忆艺术所吸引的人——我希望这本书能帮助你成为其中一员——并不仅仅是为了记住信息，就像一个选择步行而不是开车的人，其动机不仅仅是从 A 点到达 B 点。记忆也是如此。记忆策略和技巧是对电子设备的一种补充,甚至是一种"解毒剂",因为电子设备已经变得如此有用和诱人,以至于产生了令人震惊的依赖性和成瘾性。

我希望你能接受挑战,在生活中的多个领域增强记忆力,无论是记名字、更有效地学习还是掌握一项新技能。不论你是对助记法有着较深研究的读者,还是只能勉强使用便笺等工具的读者,我都有如下建议:

每天都想方设法展现记忆艺术!